高等学校规划教材

产品创新与造型设计

李 丽 编著

北 京

冶 金 工 业 出 版 社

2010

内 容 提 要

本书为高等学校专业教材。全书共有 12 章，主要内容包括：工业设计概论、工业设计简史、世界各国的工业设计、历史上的设计流派、产品创新设计、绿色设计、通用设计、仿生设计、人性化设计、产品形态设计、形式美法则、色彩设计等，每章均配有一定的习题，可供学生学习巩固之用。本书具有新颖的写作思路、全新而系统的知识架构、丰富而优秀的设计案例，还附有数百张精美而有代表性的图片，有利于读者开拓眼界并充分理解本书内容。

本书可作为工业设计、艺术设计等专业的教学用书和机械设计、建筑设计、服装设计等相关专业的选修课教材或教学参考书，也可供从事工业设计的人员和设计管理人员参考。

图书在版编目(CIP)数据

产品创新与造型设计/李丽编著. —北京：冶金工业出版社，2010.3
高等学校规划教材
ISBN 978-7-5024-5199-8

Ⅰ.①产… Ⅱ.①李… Ⅲ.①工业产品—造型设计—高等学校—教材 Ⅳ.①TB472

中国版本图书馆 CIP 数据核字(2010)第 028702 号

出 版 人 曹胜利
地 址 北京北河沿大街嵩祝院北巷 39 号，邮编 100009
电 话 (010)64027926 电子信箱 postmaster@cnmip.com.cn
责任编辑 宋 良 廖 丹 美术编辑 李 新 版式设计 张 青
责任校对 石 静 责任印制 牛晓波
ISBN 978-7-5024-5199-8
北京兴华印刷厂印刷；冶金工业出版社发行；各地新华书店经销
2010 年 3 月第 1 版，2010 年 3 月第 1 次印刷
787mm×1092mm 1/16；10.75 印张；284 千字；159 页；1—3000 册
25.00 元
冶金工业出版社发行部 电话：(010)64044283 传真：(010)64027893
冶金书店 地址：北京东四西大街 46 号(100711) 电话：(010)65289081
(本书如有印装质量问题，本社发行部负责退换)

前　言

在 21 世纪,科学技术飞速发展,市场需求日益多样化并不断变化,企业的竞争变得异常激烈。在激烈的市场竞争中,很多企业都拥有基本相同的技术、类似的产品性能甚至相近的市场价格,产品同质化倾向日益严重,而唯有外观设计有别于竞争对手。因此,工业设计被提到企业生存和发展的战略高度。工业设计不仅能够增加产品的附加值,提升企业的品牌形象,增强企业的市场竞争力,同时已成为当今衡量一个国家设计水平和世界地位的一个重要指标。

工业设计是一个技术与艺术相结合的学科,涉及材料工艺、人机工程等技术性学科范畴,也涉及美学、心理学、市场营销学、社会学、历史文化等学科范畴。产品创新和造型设计是工业设计中最为核心的部分,即既能够应用新兴的技术、材料,使产品在功能、结构工艺等方面有所创新,又能设计出新颖美观的产品造型,给用户带来全新的视觉享受和使用体验。

回顾工业设计发展的脉络,历史有很多惊人的巧合。工业设计萌芽于 18 世纪工业大革命时期,源于机械大生产替代手工艺生产方式之后所爆发出来的产品技术与艺术不能很好结合的矛盾。美国第一代职业工业设计师是在 20 世纪 20 年代美国经济危机爆发后,企业不能进行价格竞争,转而寻求工业设计作为竞争手段的背景下出现的,这也正式确立了工业设计学科以及工业设计在世界上的地位。工业设计的诞生到每一次转折性的发展都与当时经济、社会等重大变化有很大的关系。

我国于 20 世纪 70 年代末引入工业设计的概念,起步较晚。但最近几年,在我国南方地区的许多企业,工业设计技术发展得很快,并建立了很多的工业设计园区。各种工业设计竞赛也带动了工业设计教育与企业的发展,并呈现一种良好的发展趋势。但从总体来看,我国企业,特别是在北方地区的企业,对工业设计的认识还不够,在企业的产品造型设计上与经济发达国家相比还有很大差距,并没有形成一种鲜明且具有中国特色的设计风格与品质。2008 年底爆发并波及全世界的经济危机,给我国的制造业带来很大的冲击,特别是使那些主要依赖海外订单委托加工的企业提前进入了寒冬,其中一个重要原因就是我国的制造业还是 Made In China,而非 Design In China。那么我国能否将这次经济危机转化为一个契机,使其成为我国工业设计的一个发展机遇和转折点呢? 2007 年 2 月 13 日,温家宝总理在中国工业设计协会呈送给他的报告上批示"要高度重视工业设计"。面对国际金融危机的冲击,企业的自主创新能力显得尤为重要。

　　本书正是在这样一种背景下编著的，并试图以一种全新的写作架构使读者对工业设计的概念、工业设计师的主要任务和素质、产品创新设计的流程和方法、产品形态设计等有一个系统的认识与掌握。书中介绍了工业设计的概念、核心和发展史；从欧美、日本经济社会背景的深层角度出发，探究其工业设计的崛起、发展和文化；为从古希腊和古罗马文明开始，直至后工业社会的多元化设计整理了一条清晰的设计发展脉络，并以建筑设计为主线，以家具和产品设计为副线，归纳提炼历史上经典设计流派的特点、代表人物及其代表作品，从而开拓读者的文化视野，提高读者的艺术修养；阐述了产品创新设计的内涵和流程，归纳了一些创新思维和方法，并用实际案例详细阐明当今世界上流行的几种设计理念，如绿色设计、仿生设计、人性化设计、通用设计等；造型设计部分包括产品形态的要素特征及运用、形式美的法则，以及色彩设计等，使读者能够在掌握基本知识理论的基础上，具备自己创新设计的思维和能力。

　　本书的最大特点是具有新颖的写作思路、全新而系统的知识架构、丰富而优秀的设计案例，以及数百张精美而有代表性的图片，利于读者开拓眼界并充分理解本书内容。本书可作为工业设计、艺术设计等专业的教材，机械设计、建筑设计、服装设计等相关专业的选修课教材，也可供从事工业设计的人员和设计管理人员参考。

　　本书在编写过程中得到东北大学刘涛副教授的关心和悉心指导以及沈阳工业大学王世杰教授、张剑教授、苏东海教授、金嘉琦教授的大力支持。在此作者表示衷心的感谢！

　　由于作者水平有限，书中不足之处恳请读者指正。

作　者
2009 年 11 月于沈阳

目　　录

第 1 章 工业设计概论

1.1 工业设计的定义

工业设计是一个外来名词，由英语 Industrial Design 直译而来，它孕育于 18 世纪 60 年代的英国工业革命，区别于手工业设计，在 19 世纪 20 年代成为一门独立的学科。工业设计在 20 世纪 70 年代末引入我国，曾被称为工业美术设计、产品造型设计、产品设计等，近年被统一称为"工业设计"。

国际工业设计协会联合会 ICSID（International Council of Societies of Industrial Design）自 1953 年孕育，一直到 1957 年 6 月在伦敦一个特别会议上才正式成立，工业设计的定义也一直由 ICSID 组织研究人员定义。1970 年，ICSID 为工业设计下了一个完整的定义："工业设计是一种创造性的活动，旨在于决定工业产品的正式品质。这些正式品质不仅指外在的特征，而且主要指功能和结构的关系，兼顾使用者和生产者双方的观点，使他们成为一个连贯统一的整体。工业设计的广义还包括由工业生产决定的人类环境的所有方面。"工业设计在大工业的基础上，达到产品表面形态与内在功能的统一，实现艺术与技术的统一。

1980 年，ICSID 给工业设计又作了这样的定义："就批量生产的工业产品而言，凭借训练、技术知识、经验及视觉感受，而赋予材料、结构、构造、形态、色彩、表面加工、装饰以新的品质和规格，这叫做工业设计。"根据当时的具体情况，工业设计师应当在上述工业产品全部侧面或其中几个方面进行工作，而且，当需要工业设计师对包装、宣传、展示、市场开发等问题的解决付出自己的技术知识和经验以及视觉评价能力时，这也属于工业设计的范畴。这也是被普遍认可和流传最广的一个定义。

相比较上述两个较为具体的定义，也有人给出了一个更为宏观的定义："工业设计是以工业批量产品为核心的提出问题解决问题的设计过程，满足设计师和人们物质和精神需要的活动。"工业设计对人们的未来生活进行设想、规划和创造，使人们的生活更加美好。或者说，工业设计就是创造一种更合理的生活、工作和学习方式。这种规划和创造往往以某种或某些具体的产品来体现，概而言之，现代工业设计就是"人—机—社会—环境"的大系统设计。

可以看出，工业设计的定义是随着时代的发展而发展的，尽管他们的表述方式不尽相同，但从中我们仍然可以总结出工业设计的核心本质。

（1）工业设计是以批量生产的工业产品为对象的，区别于手工艺设计，要满足大工业批量生产的要求。

（2）工业设计是一种创新活动，主要任务包括外观设计、使用方式创新，并与产品功能、结构协调统一。

（3）工业设计将技术与艺术相结合，既要满足技术上的要求，又要创造出美的品质。

（4）工业设计的目的是人，是为用户而设计的，但也要为企业带来效益，并考虑环境、社会整体利益。

1.2 工业设计的内容与原则

工业设计的内容可以包括三个方面：功能设计、外观设计、象征性设计。

A　功能设计

功能设计是基于现有产品、技术、市场等各种因素，考虑通过功能的定义、分析和整合，确定产品的主要功能和辅助功能，并确立实现该功能的相应结构，使产品易于加工生产、易于使用和维护、易于回收等。

B　外观设计

外观设计是工业设计最为重要的内容，它是内在功能和结构的外在表现，是最富有视觉冲击力的部分，也是消费者和使用者直接和经常接触的部分，对于产品的整个品质而言是非常重要的一个体现。外观设计主要包括产品的形态设计（形状、色彩、质感、装饰等）和使用方式设计，必须具备创新和美感，并与功能结构、材料工艺等和谐统一。

C　象征性设计

象征性设计主要包括三个方面：品牌象征设计、使用象征设计、文化象征设计。品牌象征设计是指统一规划产品的形象，以区别于竞争对手，并形成一定的品牌效应；使用象征设计是指产品通过色彩、肌理、形状等要素符号提示该产品应如何使用；文化象征设计是指产品设计应反映一定文化内涵，或体现一定的社会意识形态，或反映时代的物质生产和科学技术的水平，并与社会的政治、经济、文化、艺术等方面有密切关系。

工业设计应符合以下四个原则：

（1）创新性。创新是工业设计的灵魂，没有创新就无设计可言。

（2）实用性。体现使用功能的目的性、先进性与可靠性，充分应用人机工程学原理提高产品的宜人性，表现产品服务人的舒适美。

（3）科学性。体现新兴材料的材料美和先进的加工手段的工艺美，反映科学的严格和精确美、机构学新成就的结构美，努力降低产品成本，创造最高的附加值。

（4）艺术性。应用美学法则创造符合时代审美观念的新颖产品，体现人、产品与环境的整体和谐美，给人带来视觉的美感和体验的愉悦享受。

1.3　工业设计与其他设计学科的关系

设计是一种有目的的创造性行为。根据技术与艺术的关系，可以把设计的诸多学科归纳为以下三类：

（1）技术工程类设计：机械设计、电工电子设计、材料设计等。

（2）技术＋艺术类设计：工业设计、建筑设计、服装设计、环境设计。

（3）艺术类设计：绘画、雕塑等纯艺术，平面设计。

工业设计是一门交叉性的学科，是设计类学科里重要的一支，并与建筑设计、平面设计、环境设计等设计类学科有着交融。工业设计涉及的学科门类也非常广，包括材料、制造加工工艺、人机工程学等技术类的知识，纯艺术（绘画、雕塑等）的一些基本的美学法则和原理，市场学与经济学、社会伦理道德、法律法规、民俗文化等，是技术与艺术、经济与人文等多学科知识相联系的完整体系。

由于世界各国工业设计的研究范围及内容不同，因而工业设计的范畴也有所不同。美国工业设计协会为了避免与室内设计、商业广告设计和一般的产品设计重复，将纤维、陶瓷、餐具、家具、金属制品及纸张工业排除在工业设计范畴之外，使工业设计的范畴局限在机械器具、塑料制品等产品，以及用新材料、新技术开发的新产品的工业范围内；英国把家具和家庭用品设计、室内陈设和装饰设计、染织服装、陶瓷玻璃器皿设计以及机械产品设计等都列入工业设计范畴；法国、日本将商业广告宣传的视觉传达设计、室内环境设计、城市规划等都列入工业设计范畴；我国一般把工业设计的广义范畴划分为产品设计、环境设计和视觉传达设计，狭义的范畴仅指产品设计。

1.3.1　工业设计与工程设计的区别

工程设计主要考虑产品的功能，解决的是物与物的技术问题。不必考虑产品的外观是否符合审美要求以及功能与审美能否统一。

工业设计主要赋予批量产品的表面形态以美，并与功能统一，实现艺术与技术的统一。不必进行技术的开发，不必设计内部结构，而是应用技术，解决的是人与物的关系，同时还要考虑市场、环境、社会等各种因素。

以汽车为例，工程设计主要是通过结构设计，重点解决汽车的性能，如马力、速度、油耗、排放量等；而工业设计则是使汽车的外观美观、使用方式舒适新颖，并成为一种身份地位的象征。

1.3.2　工业设计与艺术设计的区别

艺术设计是艺术家以个人的主观感受来表达美，反映一定思想与主题，受外在因素制约相对较少；

工业设计是工业设计师为用户设计，创造与产品功能统一的外观美，要符合用户的需求，并受技术和材料等条件的制约，同时要考虑社会和环境等诸多因素。

工业设计的内涵在于物质功能和人的感情精神以及人和物相互作用的研究，它以不断变化的人的需求为起点，以积极的势态探求改变人的生存方式。所以，工业设计不是单纯的美术设计，更不是纯粹的造型艺术、美的艺术。它是科学、技术、艺术、经济融合的产物。它是从实用和美的综合观点出发，在科学技术、社会、经济、文化、艺术、资源、价值观等的约束下，通过市场交流为人服务的。

1.4　工业设计的意义

（1）对国家和企业而言：战略投资。

特立独行靠设计。为提高产品附加值，提高国家和企业的市场竞争力，在产品同质化日益严重的今天，工业设计理所当然地要出现在前台。正如索尼公司前总裁盛田昭夫所说："我们相信，今后我们的竞争对手将会和我们拥有基本相同的技术，类似的产品性能，乃至市场价格，而唯有设计才能区别于我们的竞争对手。"

工业设计的重要性是毋庸置疑的。好的工业设计可以降低成本，提高用户的接受概率，提高产品附加值，并且促进产品的不断成长，最后企业也将获得更高的战略价值。事实上，无论是欧美发达国家，还是新兴工业化国家和地区都把设计创新列为国家创新的重要组成部分。欧美发达国家工业设计的资金投入一般占到总产值的5%～15%，高的可占到当年总产值的30%，而中国绝大多数家电企业工业设计的资金投入一般不到总产值的1%。三星公司斥资数亿美元用于改善电冰箱、洗衣机、手机等所有产品的外观、触感和功能，在消费者清楚自己需要什么产品之前，调查出什么样的产品可能会畅销。这一努力已经产生了回报，三星公司已经从电子和家电领域的一个仿造品制造商成长为世界顶级品牌制造者，这在很大程度上要归功于公司对设计的重视。

据美国工业设计协会测算，工业品外观每投入1美元，可带来1500美元的收益。在年销售额达到10亿美元以上的大企业中，工业设计每投入1美元，销售收益甚至高达4000美元。耐克的一双鞋可以拥有几十项专利，设计体现无处不在——既要考虑流体力学，又要涉及空气动力学以及人体工学，穿着它不但舒适，更可以帮助消费者在体育场上创造纪录，这便是设计的创新，这也是一双耐克鞋要比普通的运动鞋价格高数倍的原因。美国苹果电脑公司的产品售出价历来高出同类产品市场价格的 26%，却保持了极大的市场份额及客户的忠诚，其原因也在于公司向用户提供了以设计更新和开发为中心的高文化服务。苹果电脑公司不仅通过苹果电脑产品使用方式的设计更新和开发带动了使用性能的设计更新，而且以此带动了整个公司的生产、销售和服务。由于公司在设计服务上的加大投入，苹果电脑获得了不断超越同行竞争者的技术优势和经济效益；由于设计直接促进了当前及计划中各种计算机的销售，反而减少了不断更新和开发计算机设备和技术的研究经费。就这样，苹果电脑通过高品位的设计服务开发带动高科技的潜在市场开发，创造出可观的和超额的综合经济效益。

据日本的相关调查显示，在开发差异化和国际名牌产品、提高附加值、提高市场占有率、创造明星企业等方面，工业设计的作用占到 70% 以上。根据日本索尼公司的统计，他们每年工业设计创造的产值占全公司总产值的 53%，而技术改造所新增加的产值只占总产值的 13%。日本日立公司每增加 1000 亿日元的销售收入，工业设计起作用所占的比例为 51%，而设备改造所占的比例为 12%。

（2）对消费者而言：舒适方便，美的享受，体现个性、品位和身份地位。

爱美之心人皆有之。在经济条件允许的情况下，毫无疑问人们都愿意选择外观漂亮的产品来体现自我的审美趣味和价值取向。好的工业设计不仅可以在物质层面上带来实用的功能，还可以在精神层面上给人带来心情的愉悦、审美的提升、情感的升华，以及自我地位和品味的象征性作用。最为明显的例子就是汽车、手表、手机等，它们不再是单纯的代步工具、计时工具和通讯工具，而更大程度上成为了时尚的代名词。

（3）对环境社会而言：可持续发展、文化多样性。

随着全球经济的快速发展和环境的日益恶化，资源短缺的矛盾逐步升级，可持续发展成为各国政府政策的指导方向和社会关注的焦点。"可持续发展（Sustainable development）"的概念最早在 1972 年在斯德哥尔摩举行的联合国人类环境研讨会上正式讨论。既满足当代人的需求，又不对后代人满足其需求的能力构成危害的发展称为可持续发展，或者说可持续发展是指既要达到发展经济的目的，又要保护好人类赖以生存的自然资源和环境，使子孙后代能够永续发展和安居乐业。可持续发展与环境保护既有联系又不等同，环境保护是可持续发展的重要方面，可持续发展的核心是发展，但要求在严格控制人口数量、提高人口素质和保护环境、资源永续利用的前提下进行经济和社会的发展。

随着世界经济一体化进程的加快，经济强国的文化产品在"自由贸易"的旗帜下，伴随着资本在全球的流动和扩张，冲向世界的每一个角落。它造成的后果是文化产品的标准化和单一化，致使一些国家的"文化基因"流失。如同物种基因单一化造成物种的退化，文化单一化将使人类的创造力衰竭，使文化的发展道路变得狭窄。正是在这样的背景下，2005 年 10 月，联合国教科文组织第 33 届大会以压倒多数通过了《保护文化内容和艺术表现形式多样化公约》（简称《文化多样性公约》）。这是国际社会捍卫世界文化多样性斗争取得的重大成果，它意味着文化多样性原则被提高到国际社会应该遵守的伦理道德的高度，并具有国际法律文书的性质。文化多样性是可持续发展的源泉，如同生物多样性是一个关系到生命在地球上续存的根本问题，每一种文明和文化都拥有自己的历史精神和人文传承，有自己独特的美丽和智慧。

工业设计不仅仅是产品等外观的设计，更重要的是通过其造型语言诠释一种理念、体现一定文化价值、反映一定的情感。不同国家和地区的工业设计应基于各自的自然环境，体现该民族文化历史的传承和创新，从这个角度来看，工业设计对于可持续发展和文化多样性的保护具有重大意义和积极作用。

1.5 工业设计的类型

1.5.1 式样设计

式样设计是指应用现有的技术、材料，研究消费市场，对现有产品的外观进行改进设计。

例如海鸥相机的改进设计。德国设计师科拉尼为上海海鸥相机厂设计的 DF5000 型相机，一改过去方方正正的感觉，造型中大胆运用符合人体工程学的曲线，并充分考虑双手握持的姿势。机身主体的两端向内凹进，下端的两角向前突出。使该相机使用舒适，外形动感（见图1-1）。

图 1-1 海鸥相机的改进设计

1.5.2 方式设计

方式设计是指重点研究人的行为，以及人们生活中的种种难点，从而设计出超越当前现有水平，以适应数年后人们新的生活方式所需要的产品。"设计的不是产品，而是人们的生活方式"。

例如一分为二的笔记本电脑。Xentex 公司研制的 Flip-Pad Voyayer 笔记本电脑的 20 英寸显示屏被分割成了两部分，能同时为两个主人服务。如果把右边的一个屏幕转 180°，接上键盘和鼠标，你和你的朋友就可以分别上网冲浪、读电子函件，或共同为一个项目工作，当然也可以在同一个游戏中面对面地厮杀。如果你独自使用这台电脑，那么这两个屏幕可以互为补充，其中一个可用于显示网页，而另一个则可用于显示文档。这台重约5.4千克的笔记本电脑，充分体现了将两台电脑合二为一的思想，通过两次折叠，它可以放进一个 $36 \times 26 \times 8$ 厘米的提包中（见图1-2）。

图 1-2 一分为二的笔记本电脑

1.5.3 概念设计

概念设计是指不考虑现有的生活水平、技术和材料，而是在设计师预见能力所能达到的范畴内来考虑人们的未来，是从根本概念出发的开发性设计。在汽车、手机产业，一些大的国际公司都会适时推出一款概念产品来展示该公司的经济实力、研发水平和设计方向，并不断吸引消费者的眼球，引领业界时尚。

　　例如奥迪 RSQ 运动跑车。在 2004 年 7 月 14 日美国公映的《我，机器人》（《I，Robot》）这部影片中，为营造未来世界的光怪陆离，20 世纪福克斯公司可谓不惜气力邀请奥迪公司为影片男主角设计酷车。在设计师的灵感与妙想之下，奥迪 RSQ 翩然诞生，这也是奥迪公司历史上第一辆专为一部电影设计的概念车。未来被这样诠释：2035 年的芝加哥，车不再有车轮，而是在球体上滚动。"球体车轮，蝶翼门，宽阔的全景挡风玻璃延展直至车顶，最大限度地拓宽驾驶员与乘客的视野"。奥迪典型的梯形水箱罩造型略作调整便与跑车车头相容，使车迷仅从车头便能辨认出奥迪的特征（见图 1-3）。

图 1-3　奥迪 RSQ 运动跑车

　　又如诺基亚的可折叠卡片手机。该概念手机完全颠覆了手机现有的外形，不过依旧保留了当前手机的基本组成和整体风格。更令人感到新鲜的是，这种概念手机吸取了折纸原理，手机可沿中线对折和展开，展开后键盘呈菱形，拿在手上十分方便（见图 1-4）。值得注意的是，该手机具有两个屏幕，既可以联合起来显示同一项内容，也可分别完成不同的任务。而键盘则并非物理按键，光电感应产生的键盘可以在折叠之后将按键隐藏。用户可以在手机折叠之后进行通话，而手机展开时更适合进行视频通话。双屏幕显示可以让用户一边通话一边进行其他操作，键盘与屏幕中间可折出的"倒金字塔"空洞不但可以提供更好的手机握持力，还能营造出不错的音响效果。

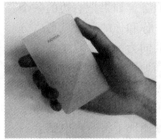

图 1-4　诺基亚可折叠卡片手机

1.6　工业设计师的素质与职责

1.6.1　工业设计毕业生应具备十项技能

　　1998 年 9 月澳大利亚工业设计顾问委员会就堪培拉大学工业设计系进行的一项调查指出，

工业设计专业毕业生应具备十项技能：

（1）有优秀的徒手作画的能力。作为设计者，下笔应快而流畅，而不是缓慢迟滞。这里并不要求精细的描画，但迅速地勾出轮廓并稍事渲染是必要的。关键是要快而不拘谨。

（2）有很好的制作模型的技术。能使用泡沫塑料、石膏、树脂、MDF 板等塑型，并了解用 SLA、SLS、LOM、硅胶等快速制作模型的技巧。

（3）必须掌握一种矢量绘图软件（比如 Freehand、Illustrator）和一种像素绘图软件（如 Photoshop、PhotoStyler）。

（4）至少能够使用一种三维造型软件，如 Pro/E、Alias、CATIA、I-DEAS 等高级软件或 SolidWorks、Form-Z、Rhino3D、3DStudioMax 等层次较低的软件。

（5）二维绘图方面能使用 AutoCAD、MicroStation 和 Vellum。

（6）能够独当一面，具有优秀的表达能力及与人交往的技巧（能站在客户的角度看待问题和理解概念），具备写作设计报告的能力（在设计细节上进行探讨并记录设计方案的决策过程），有制造业方面的工作经验则更好。

（7）在形态方面具有很好的鉴赏力，对正负空间的架构有敏锐的感受能力。

（8）拿出的设计图样从流畅的草图到细致的刻画到三维渲染一应俱全。至少应有细节完备、公差尺寸精细的图稿和制作精良的模型照片。仅仅几张轮廓图是不够的。

（9）对产品从设计制造到走向市场的全过程应有足够的了解。如果能在工业制造技术方面懂得更多则更好。

（10）在设计流程的时间安排上要十分精确。三维渲染、制模、精细图样的绘制等应规定明确的时段。

美国工业设计师协会 1998 年就工业设计人才规格对全美的设计公司、企业的设计部等单位做了调查，以了解就业市场对工业设计教育的要求。调查列举了工业设计毕业生应具有的专业资质和技能的 26 个相关项目，要求对这些项目的重要性作出评价，结果排序如下：（1）创造性地解决问题；（2）概念草图；（3）口头及书面的表达；（4）材料与工艺；（5）计算机辅助工业设计；（6）多学科的交流；（7）概念模型制作；（8）企业实习；（9）设计理论；（10）数理知识；（11）平面设计；（12）工程技术；（13）认知与消费心理；（14）研究与信息处理；（15）市场营销实践；（16）艺术与设计史；（17）艺术与人文学；（18）计算机辅助工程设计；（19）人体测量与作业分析；（20）全尺寸模型制作；（21）工作样机制作；（22）展示样机制作；（23）机械制图术；（24）计算机生成图像；（25）快速成形；（26）视频/多媒体制作。

上面排序中前九项被认为非常重要，最后两项快速成形、视频/多媒体制作为非必要，其余为重要。其他推荐的项目有：工作态度、幽默感、多元文化意识、环境意识、色彩理论、雕塑、写生、时间管理、基础 2D-3D 设计、建筑与室内设计基础、信息设计、伦理学、人际交往、外语、表现技法等。

1.6.2 创新能力

根据产品生命周期理论，世界上没有一个企业的产品能永久畅销，其早晚会被社会淘汰。产品如同生命，有出生、成长、衰老、死亡的过程。究其原因，与人们的需求、科学技术、市场和社会等因素的变化相关。创新是工业设计的灵魂，是企业和国家的核心竞争力，因此创新能力是工业设计师必须具备的重要能力之一。没有创新的设计谈不上是工业设计。创新的类型包括：功能创新、定位创新、形态创新、使用方式创新等。

A　功能创新

功能创新可以利用放大、缩小、替代等方法，改变原有产品的功能，甚至完全颠覆原有产品的功能。具体创新方法详见第 5 章。

例如新型滚筒洗衣机。滚筒洗衣机已经设计使用几十年了，英国伦敦著名工业设计公司 TKO 公司的设计师硬是对这些"已成型"或"已定型"的普及性产品进行再设计和再开发，探求使用者的新需求。创新设计的洗衣机平常可以将滚筒从洗衣机中取出来，作为装衣篓使用，洗衣时即将篓装入机中洗衣用（见图 1-5），这一改动使装衣量增大了，功能增多了，洗衣洗得更干净了，为洗衣机生产企业开辟了新天地，足见创新设计的魅力。

B　定位创新

定位创新是针对特定人群的生理、心理特点，以及实际和潜在需求，作出创新性的设计。

例如 2007iF 工业设计大赛金奖手机（通用设计大奖）。该手机专为五十岁以上老人设计，特点是字体较大、铃声够响、操作简单，还有红色特大救命键，一按即接通紧急中心，救护成分高于手机成分（见图 1-6）。

图 1-5　英国 TKO 公司新型滚筒洗衣机　　　　图 1-6　2007iF 工业设计大赛金奖手机

C　形态创新

形态设计是工业设计最重要的部分，具有最直接的使用体验和情感效应。形态设计既要满足产品的功能和结构工艺的特定要求。又要符合用户的审美要求。形态创新是对产品的形状、色彩、表面装饰等进行创新。形态设计的要素和方法详见第 10 章。

例如苹果电脑公司 iMac G3（1998）。1998 年 6 月上市的 iMac 是工业设计绝佳的案例，充分展示了工业设计的力量。这款拥有半透明的、果冻般圆润的蓝色机身的电脑重新定义了个人电脑的外貌，并迅速成为一种时尚象征。推出前仅靠平面与电视宣传，就有 15 万人预定了 iMac，而在之后 3 年内，它一共售出了 500 万台。iMac 的成功使濒临破产的苹果公司复兴，并改变了人们对个人计算机的固有概念。其中一个秘密是，这款利润率达到 23% 的产品，在其诱人的外壳之内，所有配置都与前一代苹果电脑几乎一样。它的成功归于极富大胆的形态创新设计，以及形态之内所蕴含的核心价值，即象征性设计。

iMac 重新定义了个人计算机的外貌，大胆采用了果冻般的弧面形态，打破了以往电脑的直线造型。半透明的彩色区别于惯用的黑白灰中性色，人们透过半透明的机壳可以透视内部的精密结构，给人全新的视觉感受和使用体验。它不仅是一台精密的机器，更是一件精美的艺术品（见图 1-7）。它迎合在电脑前工作、学习和娱乐的人们的心理，满足其深层次的精神文化

图 1-7　苹果电脑公司 iMac G3（1998）

需求。这时，个人计算机不再是一台生硬冷漠的机器，而是一个亲切可爱的伙伴，成为一种身份和时尚的象征。

苹果公司 1976 年创建于美国硅谷，1979 年即跻身于《财富》前 100 名大公司之列。苹果首创了个人计算机，在现代计算机发展中树立起了众多的里程碑，特别是在工业设计方面起了关键性的作用。苹果不但在世界上最先推出了塑料机壳的一体化个人计算机，倡导图形用户界面和应用鼠标，而且采用连贯的工业设计语言，不断推出令人耳目一新的计算机，如著名的苹果 Ⅱ 型机、Mac 系列机、牛顿掌上电脑、Powerbook 笔记本电脑等。这些努力彻底改变了人们对计算机的看法和使用方式，使计算机成了一件非常人性化的工具，使日常工作变得更加友善和人性化。由于苹果公司一开始就密切关注每个产品的细节，并在后来的一系列产品中始终如一地关注设计，从而成为有史以来最有创意的设计组织。

D　使用方式创新

使用方式创新是指通过内在结构和外观的创新设计，改变用户对原有产品的使用习惯，并给用户带来新的视觉感受和使用体验。

例如宝马 MINI 概念车。在第 61 届法兰克福车展上宝马发布了最新概念车 "MINI Concept Frankfurt"（见图 1-8）。该车为 4 门车，侧门及尾门采用开门后还可向前移动的铰链。尾门采用两扇对开车门，以最大限度提高上下车及拿放物品的方便性为目标。另外，由于没有 B 柱，因此打开车身前、后部的侧车窗，即可当作一个大的开口部使用。行李舱采用地板收放式储物盒。掀开兼作储物盒盖的地板即可拿放物品，此外储物盒还可向外抽出。该车配备覆盖整个车顶的大型透光车顶，车顶后端可向前方滑动。尾门车窗也可拆卸，与车身侧面一样，后

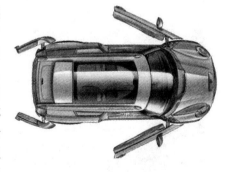

图 1-8　宝马 MINI 概念车

部也可形成大的开口部，在装运尺寸较大的物品时，便可从上方而不是后方取放，从而提高了安全性。

1.6.3　文化艺术素质

如果说艺术素质可以创造外在的美，那么文化素质创造的是具有深层次内涵的美。如果仅用一些美的法则进行产品的造型设计或平面设计，那么它给人带来的美的享受仅仅局限于视觉

的愉悦，而体现一定设计理念和文化内涵的设计则能引起人情感的共鸣，具有生命力，或有可能这个设计本身就成为某种文化的一部分。

人类学之父 E. B. 泰勒是第一个在文化定义方面具有重大影响的人。"文化或文明，就其广泛的民族学意义来讲，是一复合体，包括知识、信仰、艺术、道德、法律、习俗以及作为一个社会成员所习得的其他一切能力与习惯。"从这个定义来看，文化包括艺术，但艺术因其特殊的感染力和历史脉络在这里被单独列出，那么这里的文化就是除艺术之外的相对狭义的文化。

设计师要具备优美的格调和健康的审美能力，必须意识到和联系着当代文化中艺术价值的主流，还要对文学、舞蹈、音乐等创造美的类别感兴趣，其目的在于使他们能够超越对艺术表现的一般理解。

例如色彩象征主义名作《星月夜》。在梵高画作《星月夜》中，漩涡图案像在天空中翻滚一样，撕裂似火的松树是哥特式教堂的象征，十一颗星星更具有宗教的味道，意味着耶稣复活后显灵于十一位使徒，不包括出卖他的犹大，而月亮便是耶稣的象征，星月交辉的夜空象征着复活后的耶稣在向使徒布告（见图 1-9）。

1.6.4　科学技术素质

随着科学技术的快速发展，越来越多的产品应用高、精、尖、新的技术和工艺。作为一个优秀的工业设计师，必须对这些技术和知识有一定的了解（如人机工程学、材料技术、加工工艺等），并将它们运用到产品的造型设计中去。

例如 Aeron 椅子。作为永久展品陈列在纽约现代艺术博物馆中的 Aeron 椅子，从 1994 年量产至今。该椅根据人体曲线制成，扶手可以上下调节高度并掰开，座角可以根据环境自行选择，椅座边缘减少了大腿的侧向压力，腰靠用杜邦公司研制的特殊材料制成可以吸汗，即使连续坐 6 小时也不累（见图 1-10）。

图 1-9　梵高《星月夜》

图 1-10　世界上最舒服的 Aeron 椅子

1.6.5　技术与艺术相结合的能力

工业设计师不仅要有艺术素养和文化底蕴，并具备一定的科学技术知识，还必须要有将技术和艺术相结合的能力，使技术和艺术相统一。

例如收音机设计的发展历程。收音机设计的发展经历了三个阶段：电子管收音机、晶体管收音机（半导体）、集成电路收音机。

A　电子管收音机

二战后世界各国电子管收音机在技术和设计上都达到了前所未有的水平，风格性能各异的收音机层出不穷，特别是欧洲。20 世代 50 年代是电子管收音机最辉煌的流金岁月，是技术性能、设计艺术的顶峰时期。浏览一下当时世界各国的产品，会对那时的设计有更深的印象。

图 1-11　英国 MAS-276 收音机（1949）

英国的收音机在设计上与当时的许多其他工业产品一样，庄重、典雅。著名的矮丛树音机就继承了英国"工艺美术运动"设计的一些传统，讲究简单、朴实无华、良好功能，在装饰上反对矫揉造作的维多利亚风格和其他各种古典主义的东西，反对设计上的哗众取宠、华而不实。1949 年，英国穆拉德公司设计的 MAS-276 收音机（见图 1-11），被设计界视为 50 年代收音机的基本模式。这种用深色外框把旋钮、刻度板、喇叭等部件集中到面板中间的设计成为 20 世纪 50 年代台式交流收音机的典型设计。这是当时最具代表性的收音机造型语言。

德国是现代包豪斯设计艺术的故乡，在工业设计领域有十分重要的地位。日耳曼民族天生的严谨、理性始终贯穿于她的任何文化中，就收音机而言，她不仅是技术上最精密、最实在、最高性能的代言人，而且也是艺术设计的大师。可以说在包豪斯设计中，所体现的"产品设计结构合理，材料运用严格准确，工作程序明确清楚"的三项设计最高准则，在德国的产品中都有极好的体现，真正达到了"工艺与艺术的结合"。

奥地利设计的收音机 Minerva Allegro 534W 具有典型的斯堪的纳维亚风格。

法国是现代"艺术装饰风格"的创造者。法兰西民族的艺术灵性是与生俱来的，她所设计的每一款收音机，都是一首浪漫主义的诗篇，每一个造型都动人心魄。二战后法国设计重视各种新材料的应用，金属、塑料、木材、玻璃钢、有机玻璃等在收音机上进行了综合利用，取得了非常了得的效果。surcouf2 收音机宛如一位巴黎上流社会奢华的贵夫人。造型上曲折起伏的大曲线，鲜艳夺目的斑斓色彩，夸张，时髦，华贵。

B　晶体管收音机（半导体）

1954 年，晶体管收音机问世。作为收音机生产大国的美国在设计上走上了"商业化设计"的道路，在技术上投入到更具诱惑力的半导体开发中，这也预示着收音机设计将走上全新的道路。1954 年，美国得克萨斯公司一款 Regency-TR-1（摄政）收音机的问世，预示着一个伟大时代的到来——半导体登场了。半导体的问世改变了收音机设计传统（见图 1-12）。摄政从一开始就建立在工业设计的严格目标之上，既定的衬衣袋设计使原来的 6 管电路变为 4 管。并且摄政还将广播从客厅中带了出来，装进口袋之中，可以说改变了人们的生活方式，并且带动了音乐的发展。譬如摇滚乐的发展在很

图 1-12　美国 Regency-TR-1
收音机（1954）

大程度上就应该归功于这款产品，在当时如果没有这种便携式的晶体管收音机，就不会有那么多人在街头跳舞，这就是科技给人们带来的改变。

晶体管收音机最初在设计上沿用了电子管便携机那种坤包式模式，从 20 世纪 60 年代起，各种塑料、木材、人造革成为最广泛的半导体材料。60 年代，源于丹麦的工业设计艺术"硬边艺术"（Hard Edge）兴起。"硬边艺术"在产品设计中强调简洁、有力的几何形式，并使用工业化的材料。它通常以铝、不锈钢、塑料等为材料，表面处理偏爱材料本身的质感，通过简洁的外形和精湛的制作工艺使产品被赋予高雅的现代感。1965 年日本的 Realtone Globepacer 晶体管收音机，不仅以 19 管创造极高的性能，而且整机设计上也十分漂亮、大气。这种设计思想趋向"硬边艺术"风格。这种采用拉毛不锈钢（或铝合金）和塑料等工业材料制作的机身，造型十分简洁高雅。这款收音机操作简易，其后也成为半导体收音机发展的基本方向。SONY CRF-320A-1980 收音机则充分体现了 80 年代流行的"高技术"风格，其准军事无线电设计符合电子技术日益发展的需要，成为现代收音机设计最重要的基本手段和审美情趣。

C　集成电路收音机

20 世纪 80 年代，随着大规模集成电路的出现，许多产品以很小的尺寸就能完成其先前的功能。晶体管、微电子芯片并没有天赋的形式，人们无法仅从外观上判断电子产品的内部功能，因此"形式追随功能"的信条在电子时代就没有了真正的意义，这些都给工业设计提出了新的课题。

在电子管收音机时代，设计者把收音机作为整个家庭的中心。而 20 世纪 80 年代的设计者则从另一角度来看待收音机，即把它作为一件高精尖的玩具，这预示着使用收音机将是一种个人的而不是共享的体验，并且多元化、个性化的产品也将日益成为时代的需要。

1.6.6　市场意识和人际意识

工业设计所创造的产品或服务是面向市场的，只有被消费者认可的设计才是优秀的设计，企业才能通过产品设计赚取利益并且生存和发展下去。因此，工业设计师必须了解市场的特征和规律以及经济法规等，并具备对企业自身的评估、对竞争者的分析、对技术的发展和市场需求的分析预测能力，这也是工业设计师与艺术家的重大差别之一。

工业设计实质上是求得工业设计师个人构想与团队精神、用户需求与支付能力、企业成本与收益、社会资源消耗与产值等多对矛盾之间的平衡。因此，工业设计师必须具备人际意识：设计师的团队精神，与技术人员、营销人员、决策人员等的沟通能力，以及与客户沟通的能力。

例如雏菊牌女性刮毛刀。靠一次性剃须刀起家的吉列公司，距今已有将近 100 年的历史。1974 年，吉列公司做出了一个在常人和同行业的人看来非常荒唐的举动，推出专门面向女士的刮毛刀。事实上，吉列公司在 1973 年的调查中就发现，美国 8360 万 30 岁以上的女性中，大约有 6490 万人为了自身的美好形象，要定期刮除腿毛和腋毛。约 4000 万人在使用电动刮胡刀或脱毛剂，其中有 2000 万人在用男士的剃须刀，1 年的费用高达 7500 万美元。这笔巨大的开销不亚于在女性化妆品上的支出。毫无疑问，这是一个极具诱惑力的市场。根据市场调查的结果，吉列公司推出女性刮毛刀在产品设计和宣传上都非常注重女性的特点。该刮毛刀外壳采用彩色而不是男性的黑色或白色塑料，弧形刀柄，并印有雏菊图案。在宣传策略上，该刮毛刀宣称价格不到 50 美分，不伤玉腿。雏菊牌女性刮毛刀使吉列公司再次获得巨大成功，吉列公司以其敏锐的市场意识和详细的市场调研开拓了一个全新的产业，继续引领世界潮流。

1.6.7　社会和环境的责任感

　　工业设计师的产品设计要对客户负责，为客户省钱并创造效益和价值；要对雇主负责，尽可能为雇主节约成本，给雇主带来经济效益，并创造社会价值。对用户负责就是要满足用户的需求，引导其正确消费观；对社会负责就是要坚持原创设计，体现文化的多样性；对环境负责就是要提倡绿色设计，符合可持续发展。

　　但是现在有很多设计师只顾迎合企业的要求，因为企业是他们直接赚取利益的雇主，根本不考虑或很少考虑自己的产品设计能给用户带来怎样的实用价值，会给社会和环境带来怎样的污染、浪费等负面效果。让我们来看约翰·拉斯金早在1860年对以商人为主的听众作的一次讲话，这些话同样令设计师深省：

　　"你们必须永远记住，作为制造商你们的工作便是形成市场，并且满足市场，如果你们目光短浅或者贪婪财富，抓住人们自身形成的短暂需求的每一个幻想——如果你们同邻国或者其他生产国争风吃醋，试图以离奇、新颖和浮华取悦于人，使每一个设计做成广告式的和剽窃你们尽可能暗中模仿邻国的每一个成功的意念，或者傲慢地损害名誉——那么没有什么好的设计过得去或为你们所理解。你们也许无意中取得了市场，或者通过努力支配了市场。你们也许取得了公众的信任，并且将你们的竞争对手的厂房或商店夷为一片废墟……或者像命运一样公正，你们被他们毁于一旦。但无论发生什么情况，有一点至少可以肯定，你们的全部生命将要消耗在使公众趣味堕落和鼓励公众大肆挥霍上面。你们用浮华赢得的每一份偏爱，一定是基于购买者的虚荣心；你们用新奇创造的每一个需求，养成了消费者不安分的习惯；而当你们退休以后步入怠惰消极的生活时，作为晚年生活的一种慰藉，你们所处心积虑的也许逃不出你们苦心经营的东西，你们的一生飞黄腾达，那是发迹于艺术、玷污美德和搅乱你们国家的风俗习惯……因此，设计师务必寻求推进或者至少不退化所有那些我们称之为世世代代文化遗产的道德和美学上的考虑。"

习　题　1

1-1　工业设计在不同年代的定义有哪些差别与变化，相同点（核心本质）是什么？

1-2　工业设计与其他设计学科的联系和区别是什么？

1-3　举例说明工业设计的三种设计类型：式样设计、方式设计和概念设计。

第 2 章　工业设计简史

工业设计是 18 世纪英国工业大革命后的产物，区别于之前的手工艺设计，服务对象是大批量生产的工业产品。工业革命确立的机械化生产方式，使产品设计与制造过程分离，产品设计成为一个独立的部分。而在此之前的手工业生产方式，其设计和制造过程是统一的。这种转变为工业设计的孕育萌芽提供了特定的时代背景。20 世纪 20 年代，美国经济危机爆发，企业由依赖价格竞争，转而寻求提高产品外观设计来刺激消费，提高竞争力。此时出现了罗维等一大批美国第一代工业设计师，通过他们杰出的产品设计，使工业设计在商品经济领域赢得了一席之地，大大促进了工业设计的形成。从此工业设计作为一门独立的学科出现，并得到世界的广泛认可。今天，工业设计依然在世界商品竞争、文化交流等方面发挥着重大的作用。

2.1　工业设计的萌芽

2.1.1　工业革命

18 世纪下半叶发生在英国的工业革命（又称产业革命），揭开了机械批量生产替代手工业作坊生产的序幕，至此人类历史进入了一个新纪元。英国工业革命是一次重大的技术革命，始于 18 世纪 60 年代，以棉纺织业的技术革新开始，以 19 世纪三四十年代机器制造业机械化的实现为基本完成标志，前后历时七八十年。英国的工业革命发端于纺织业的机械（见图 2-1），与蒸汽机、交通运输业和冶铁业的发展联合促成了生产技术的大变革，带来了生产力的巨大飞跃发展，不仅实现了大机器生产代替手工劳动的生产方式变革，还由此引发了近代社会的深刻变革，改变了世界格局。继英国之后，法、美、德等国也在 18 世纪末至 19 世纪上半期先后开始了工业革命，走上了工业化道路。欧洲率先实现工业革命的国家国力大增，它们为了扩大商品销售市场和寻找原料产地，加紧进行殖民扩张，在 19 世纪基本上将世界瓜分完毕。

图 2-1　英国工业革命后的棉纺厂

早在 17 世纪末，英国社会就存在着一种普遍的富足感，即使社会最下层的人们也能负担得起一些小的奢侈品，如花边、缎带、纽扣等，用于窗帘、餐巾、桌布等织物的消费显著增加。当时 10% ~15% 的家庭开支用来购买纺织品,纺织品的多少是衡量一个家庭生活水准的一项标志。工业革命的发端就源于这种富足的社会对更多、更好商品的渴求,而原有手工艺的劳动组织形式和生产技术又无法满足这种渴求。随着机械化和劳动分工的出现,商品日益丰富。为刺激消费,增强市场竞争力就成了生产者面临的巨大挑战。设计作为商业上竞争的有效手段,成了商品生产过程中的一个重要部分,这反过来又促进了设计的发展。工业设计从一开始就与商业结下了不解之缘。

18 世纪的审美趣味由于竞相提高自己身份的思想而广为传播,贵族所喜好的任何东西都很快为中产阶级模仿,那些新兴的暴发户如商人、银行家更是如此。他们渴望用消费“情趣高雅”的商品来表现他们新近聚敛起来的财富,显示其社会地位和艺术趣味。社会底层的人们也亦步亦趋。制造商们充分认识到了这一新的、巨大的市场,因此在向社会其余阶层推出其产品之前,他们小心翼翼地力图使自己的产品满足贵族的要求,并与时尚相吻合。这表明了在批量生产开始之时,制造商和设计师已意识到了产品风格的意义。这种发展是很关键的,因为把文化引入工业是工业设计的开端,它标志着简单工作的手工艺人逐渐从经济中消失了。

2.1.2　水晶宫博览会

工业革命之前的手工业主要是手工作坊的生产方式,即设计和制作由师徒几人凭借经验完成,制作的产品数量少,做工精细优美,能很好地体现技术与艺术的结合。而工业革命后的机械化大生产固然可为大众提供具有一定品质且价廉的大量产品,但由于设计与制造分离,技术人员和工厂主一味沉迷于新技术、新材料的成功运用,只关注产品的生产流程、质量、销路和利润,并不考虑产品的美学品位,而艺术家又不屑于关注平民使用的工业产品,这使得工业大革命初期的产品往往流于粗俗,外形过于粗陋简单,或是装饰繁琐与功能无关,这种审美标准的失落暴露了新技术、新材料与沿袭旧有的形式之间的矛盾。大工业中艺术与技术对峙的矛盾在 1851 年英国伦敦举办的第一届“水晶宫”世界博览会上终于爆发,引发了设计师的变革。

A　水晶宫简介

水晶宫被誉为“20 世纪现代建筑的先声”,是由英国工程师和园艺师 J. 帕克斯顿按照当时建造的植物园温室和铁路站棚的样式设计的,是世界上第一座用金属和玻璃建造起来的大型建筑,并采用了重复生产的标准预制单元构件。整个建筑通体透明,宽敞明亮,故被誉为“水晶宫”(见图 2-2)。其外形为一简单的阶梯形长方体,三层高,并有一个垂直的拱顶,各面只显出铁架与玻璃,没有任何多余的装饰,完全体现了工业生产的机械特色。在整座建筑中,只用了铁、木、玻璃三种材料。施工从 1850 年 8 月开始,到 1851 年 5 月 1 日结束,整座建筑总

图 2-2　水晶宫

共花了不到 9 个月时间便全部装配完毕。1852 年至 1854 年，水晶宫被移至肯特郡的塞登哈姆，重新组装时将中央通廊部分原来的阶梯形改为筒形拱顶，与原来纵向拱顶一起组成了交叉拱顶的外形。1936 年，整个建筑毁于火灾。

　　水晶宫是英国工业革命时期的代表性建筑，它不仅在世界博览会历史上是一个里程碑，而且其建筑本身是 19 世纪后半叶以来"功能主义"的代表作。西方传统建筑模式的代表是神殿、教堂、宫殿，这种建筑观念将工程师和建筑师的工作范围完全隔开。这一模式在工商业和大众传播日益发达的 18 世纪后半期显得笨重而不实用，代之而起的是"功能主义"。"功能主义"提倡建筑的结构应取决于功用，希望将工程师和建筑师的工作范围融合成一个整体，其特点是轻、光、透、薄，实现了形式与结构、形式与功能的统一。水晶宫这一辉煌建筑采用预铸式构件组合，整个结构由钢架完成，旧式的墙体支撑已然消失，作为覆盖和装饰的玻璃创出奇幻的美。水晶宫在利用铸铁结构、全玻璃幕墙和利用标准预制件建造房屋等方面是首创，在建筑史上具有划时代的意义。

　　B　水晶宫展品的审美标准失落

　　但水晶宫中展出的内容却与水晶宫建筑形成了鲜明的对比。各国选送的展品大多数是机制产品，其中不少是为参展而特制的。展品中有各种各样的历史式样，反映出一种普遍的为装饰而装饰的热情，却漠视任何基本的设计原则，其滥用装饰的程度甚至超过了为市场生产的商品。生产厂家试图通过这次隆重的博览会，向公众展示其通过应用"艺术"来提高产品身份的妙方，这显然与组织者的原意相距甚远。如采用松鼠装饰的缝纫机（见图 2-3）、花哨的洛洛可可式的女士手工工作台（见图 2-4），都暴露了产品功能与形式之间的巨大矛盾，表明了人们对新产品和新技术不知所措，只能沿用旧有的手工艺的装饰形式。

图 2-3　松鼠装饰的缝纫机　　　　　　　　　图 2-4　女士手工工作台

　　水晶宫展品受到设计师和评论家们激烈的批评，博览会组织者和评审者帕金（1812～1852年）对展品的评价最具代表性："工业已经失去了控制，展出的批量产品粗俗而充塞着不适当的装饰，大多数东西都是浮华的外表掩盖了真正的用途。"据说威廉·莫里斯（1834～1896年）看到水晶宫的展品后痛哭失声，他曾经为结婚遍寻市场却购买不到合适的家具和生活用品，于是全部亲自动手设计。在莫里斯的号召和带领下，水晶宫博览会后，英国展开了声势浩大、影响深远的工艺美术运动。

2.1.3　工艺美术运动

　　工艺美术运动（the Arts & Crafts Movement）是起源于 19 世纪下半叶英国的一场设计改良

运动，其名字来自约翰·拉斯金（John Ruskin）的作品，运动的时间大约从 1859 年至 1910 年。工艺美术运动是针对装饰艺术、家具、室内产品、建筑等由于工业革命的批量生产后设计水平下降而开始的设计改良运动。运动的理论指导者是约翰·拉斯金，主要成员有威廉·莫里斯、察尔斯·马金托什、C. F. A. 沃塞和拉菲尔前派等。运动由沃尔特·克兰和 C. R. 阿什比传到美国。

A 中心思想

工艺美术运动并没有特定的特点，而是多种风格并存。其中心思想可以概括为以下三个方面：（1）强调手工艺，首先提出了"美与技术结合"，明确反对机械化的生产；（2）强调装饰"师承自然"，反对矫揉做作的维多利亚风格和其他各种古典、传统的复兴风格，依赖中世纪的、哥特式的、自然主义的这三个来源；（3）反对设计只为少数贵族服务，强调设计要为大众服务，反对精英主义设计。

B 贡献

工艺美术运动的贡献主要有以下三个方面：（1）在英国"工艺美术"运动的感召下，欧洲大陆终于掀起了一个规模更加宏大、影响范围更加广泛、试验程度更加深刻的"新艺术"运动；（2）为后来的设计师提供了新的设计风格，提供了与以往所有设计运动不同的新的尝试典范；（3）英国的"工艺美术"运动直接影响到美国的"工艺美术"运动，也对下一代的平面设计师和插图画家产生了一定的影响。

C 不足

工艺美术运动的不足主要有：（1）它对于工业化的反对，对于机械的否定，对大批量的否定，都不可能成为领导主流的风格；（2）过于强调装饰，增加了产品的费用，也不可能为低收入的平民百姓所享有，因此，它依然是象牙塔的产品，是知识分子的一相情愿的理想主义结晶；（3）从意识形态上讲，这场运动是消极的，也绝对不可能有出路，因为它是在轰轰烈烈的大工业革命时代，一个企图逃避革命洪流的知识分子的乌托邦幻想而已。

工艺美术运动将手工艺推向了工业化的对立面，这无疑是违背历史发展潮流的，并使英国的工业设计走了弯路。英国是最早工业化和最早意识到设计重要性的国家，但却未能最先建立起现代工业设计体系，原因正在于此。

D 代表人物与作品

a 莫里斯（William Morris，1834～1896 年）

莫里斯是工艺美术运动的主要人物，平面设计师，现代设计的伟大先驱。他将程式化的自然图案、手工艺制作、中世纪的道德与社会观念和视觉上的简洁融合在了一起。代表作有苏塞克斯椅（1866 年），该椅朴素典雅，摈弃了传统的复杂装饰，做工精细，注重功能与实用，是当时工艺美术运动的典型风格作品（见图 2-5）。

莫里斯不但使先前设计改革理论家的理想变成了现实，更重要的是他不局限于审美情趣问题，而是把设计看成是更加广泛的社会问题的一个部分。莫里斯在阐明他所采用的装饰时说："在许多情况下，我们称之为装饰的东西，只不过是一种我们在制作使用合理并令人愉悦的必需品时所必须掌握的技巧，图案成了我们制作的物品的一个部分，是物品自我表达的一种方式。通过它我们不仅形成了自己对形式的看法，更强调了物品的用途。"根据莫里斯的观点，装饰应强调形式和功能，而不是去掩盖它们。

尽管莫里斯与别人一道设计过家具，但他主要是一位平面设计师，从事织物、墙纸、瓷砖、地毯、彩色镶嵌玻璃等的设计。他的设计多以植物为题材，有时加上几只小鸟，颇有自然气息并反映出一种中世纪的田园风味（见图 2-6）。这是拉斯金"师承自然"主张的具体体现，对后来风靡欧洲的新艺术运动产生了一定的影响。

图 2-5　莫里斯设计的苏塞克斯椅　　　　　图 2-6　莫里斯设计的棉布图案

　　b　沃赛（Charles F. A. Voysey，1857 ~ 1941 年）

　　沃赛是工艺美术运动的中心人物，继承了拉斯金、莫里斯提倡美术与技术结合，以及向哥特式和自然学习的精神，并使设计更简洁、大方，成为英国工艺美术运动设计的范例。沃赛的家具设计多选用典型的工艺美术运动材料橡木，而不是诸如桃花芯木一类珍贵的传统材料。他的作品造型简练、结实大方并略带哥特式意味。从 1893 年起，他花了大量精力出版《工作室》杂志。这份杂志成了英国工艺美术运动的喉舌，许多工艺美术运动的设计语言都出自沃赛的创造，如心形、郁金香形图案，这些图案都可以在他的橡木家具和铜制品中找到（见图 2-7）。

图 2-7　沃赛设计的橡木椅

2.2　包豪斯——现代工业设计的里程碑

　　包豪斯（Bauhaus，1919 ~ 1933 年）是 1919 年由当时著名建筑师沃尔特·格罗皮乌斯（Walter Gropius）在德国图林根州魏玛市建立的一所艺术设计学校。时值第一次世界大战结束，德国战败，近四分之三的城市在战火中成为一片废墟，经济陷入困境，而当时又有大批的失业工人、退伍军人迫切需要住宅。当时社会上流行着各种各样的社会思潮，德国的先锋派人士吸收了各种思潮，形成一种兼容并包的艺术氛围。正是在这种背景下，格罗皮乌斯以极大的热情致信政府，倡议建立一所新的学校，培养战后德国重建最需要的建筑设计人才。1919 年 3 月，格罗皮乌斯在获得当时德国政府的大力支持后，将原撒克逊大公美术学院和国家工艺美术学院合并，建立了"国立建筑工艺学校"即包豪斯。

"Bauhaus"一词是格罗皮乌斯生造出来的，由德语的"建造"和"房屋"两个词的词根构成。然而包豪斯传授的不仅是建筑一学，创校时便有建筑、摄影、舞台、陶艺、家具、织造、书本、玻璃绘画、壁画等十三个工作坊。1923 年，包豪斯举行了一次展览会，取得了很大成功。展会上，从汽车、台灯、烟灰缸到办公楼，都受到了实业家的追捧。这种仅以材料本身的质感为装饰，强调直截了当的使用功能的设计，给实业家们带来了巨大的利益。这种设计使成本降低而功效却百倍提高，包豪斯从此扬名欧洲。

包豪斯的开拓与创新引起了保守势力的敌视。看不惯包豪斯设计风格的人说，包豪斯的楼房不仅是反传统的，而且还是从莫斯科移植来的，包豪斯渗透着苏维埃的红色势力。由于第一次世界大战结束时，是苏维埃的军队占领了德国的许多城市，因此红色苏维埃在德国人心里意味着难以忘却的历史伤痛。包豪斯校址几经迁徙，学校于 1932 年被纳粹党强行关闭。当时的校长带领学生们流亡至柏林，学校勉强维持至 1933 年，直到有一天校舍被纳粹军队占领，包豪斯被迫关闭。

2.2.1 包豪斯的影响与意义

包豪斯学校虽然在历史上只存在了 15 年，但它对现代建筑设计、工业设计及它们的教育体系产生了重大而深远的影响，以至于今天包豪斯的含义已经超出了这所学校，成为一种建筑流派或风格的代称。将建筑造型与实用机能合二为一是这种风格的特征。包豪斯在调和"人"与"人为环境"的工作方面取得的丰硕成果，已远远超过了二十世纪的科学成就，是现代建筑史、工业设计史和艺术史上最重要的里程碑。

A　三个基本观点

（1）艺术与技术的新统一；（2）设计的目的是人而不是产品；（3）设计必须要遵循自然与客观的法则进行。

B　贡献

（1）肯定机械大生产，认为批量产品可以通过好的设计具有美，并研究出大量的生产方法，提出技术与艺术新统一，为现代设计提出了正确的发展方向。

（2）其产品设计和建筑设计的造型采用抽象的几何图形，创立了功能主义（国际式风格），成为现代主义运动中重要的一支。

（3）奠定了完整、科学的工业设计教育体系，认清了技术知识可以传授，而创作能力只能启发的事实。打破了将"纯粹艺术"与"实用艺术"截然分割的局面，提出集体创作的新教育思想。

（4）培养了一大批优秀的设计师，后来这些设计师转移到美国，为美国的第一代工业设计师的出现和工业设计强国地位的确立提供了人才资源。

C　局限性

包豪斯过分强调抽象的几何图形、功能主义、对工业材料的追求，使产品具有一种冷漠感，缺少人情味；千人一面式的"国际式"风格，使各国、各民族的历史文脉被忽视。

2.2.2 包豪斯的教育体系

A　指导思想

包豪斯的创立者、第一任校长格罗皮乌斯提出了艺术与技术新统一的崇高理想，创造了一种新的设计风格，以适应现代大工业批量生产和生活的需要。正像格罗皮乌斯在国立建筑艺术学校成立的那一天所说的："让我们建造一幢将建筑、雕刻和绘画融为一体的、新的未来殿堂，并用千百万艺术工作者的双手将它矗立在高高的云端下，变成一种新信念的标志。"

B　师资

包豪斯的师资阵容非常强大，在格罗皮乌斯这面大旗下，云集了当时许多著名的艺术家、设计师和工艺师。教授绘画的康定斯基（Wa-ssily Kandinsky）、教授纺织品设计的保罗·克利（Paul Klee）以及费宁格是公认的 20 世纪绘画大师。构成派成员莫霍利·纳吉（Mo-holy Nagy）使包豪斯的教学由手工艺转向设计。此外画家约翰·伊顿，建筑家米斯·凡·德洛、汉内斯·迈耶，家具设计师马赛尔·布鲁尔，灯具设计师威廉·瓦根菲尔德都是包豪斯的骨干教师。

C　课程体系

包豪斯与传统学校不同，采用的是艺术教育与手工艺制作相结合的新型教育体系。教学时间为 3 年半，学生刚入校先进行半年的基础训练，然后进入车间学习各种实际技能。学生们不但要学习设计、造型、材料，还要学习绘图、构图、制作，于是包豪斯先后建立了一系列的工厂，比如编织、陶瓷、木工、金工、纺织等工厂。学校里没有"老师"和"学生"的称谓，师生彼此称之为"师傅"和"徒弟"。

包豪斯的课程体系基本涵盖了设计所包含的造型基础、设计基础、技能基础等三方面知识，为现代设计教育奠定了重要基础。格罗皮乌斯的教学为国立建筑工艺学校带来了以几何线条为基本造型的全新设计风格。

2.2.3　包豪斯校舍

包豪斯学校是工业设计的里程碑，其校舍本身在建筑史上有重要地位，是现代建筑的杰作，体现了国际主义风格。包豪斯校舍由格罗皮乌斯设计，1996 年被列为联合国教科文组织世界文化遗产。它在功能处理上有分有合，关系明确，方便而实用；在构图上采用了灵活的不规则布局，建筑体型纵横错落，变化丰富；在立面造型上充分体现了新材料和新结构的特色，完全打破了古典主义的建筑设计传统，获得了简洁而清新的效果（见图 2-8）。

图 2-8　包豪斯校舍

2.2.4　包豪斯代表人物与作品

a　布兰德（Marianne Brandt，1893 ~ 1983 年）

布兰德是一位女性设计师，是现代设计史上的重要人物，不仅因为她创造了许多 20 世纪最美观耐用的金属制品，还因为她在男性主导的金属制品设计领域拥有一席之地。1923 年，布兰德进入包豪斯的金属制品车间学习。受到纳吉的影响,她将新兴材料与传统材料相结合,设计了一系列革新性与功能性并重的产品。她善于运用简洁抽象的要素组合传达自身的实用功能,注重批量化生产。代表作品有茶壶、烟灰缸、康登台灯等金属制品。

1924年布兰德设计的茶壶采用几何形式,运用简洁抽象的要素组合传达了自身的实用功能(见图2-9)。1927年的康登台灯(见图2-10)具有可弯曲的灯颈,稳健的基座,造型简洁优美,功能效果好,并且适于批量生产,成了经典的设计,也标志着包豪斯在工业设计上趋于成熟。最终布兰德成为了包豪斯培养的最著名的设计师之一,并且是仅有的几个并非出自织物车间的女设计师之一,直至今天,她的有些设计仍在生产。

图2-9 布兰德设计的茶壶　　　　图2-10 布兰德设计的康登台灯

b　布劳耶(Marcel Breuer,1902～1981年)

布劳耶是国际式建筑最有影响的建筑师之一,家具设计师,努力于家具与建筑部件的规范化与标准化,是一位真正的功能主义者和现代设计的先驱。他是包豪斯的第一期学生,毕业后任包豪斯家具部门的教师,主持家具车间。在那里布劳耶充分利用材料的特性,创造了一系列简洁、轻巧、功能化并适于批量生产的钢管椅。这些钢管椅造型轻巧优雅,结构简单,成为他对20世纪现代设计做出的最大贡献。代表作品有法国IBM研究中心大厦、巴黎的联合国教科文组织的总部、瓦西里椅(见图2-11)。

瓦西里椅以布劳耶的老师瓦西里·康定斯基的名字命名,是世界上第一个用标准件构成的钢管椅,突破了木质椅子造型的范围。压弯成型机和管材弯曲技术的出现,使得钢管本身的特性得以发挥,钢管有弹性大、强度高的特性,钢管一致的弯曲半径给人一种有序和统一的美感。

无缝钢管的出现对家具设计产生了最富戏剧性的影响,这种材料质量轻、强度大,并且有强烈的现代感,引起了许多现代设计师,特别是包豪斯设计师们的极大兴趣。他们设计的各种钢管椅(见图2-12)成了现代设计的典范,象征着利用新材料创造一种新颖而轻巧的家具美

图2-11 瓦西里椅　　　　图2-12 布劳耶设计的钢管椅(1929)

学，并打破了沿袭已久的家具设计传统。钢管家具的主要问题是缺乏消费吸引力，只是在少数理解和赞同现代主义目标的消费者中流行。尽管钢管椅产量很高，但主要被用于机关、医院、旅馆的大厅等公共场所，从未成功地与居家环境融为一体，只是在餐厅、厨房中占有一席之地。

布劳耶在 1928 年曾写道："我有意识地选择金属来制作这种家具，以创造出现代空间要素的特点……先前椅子中沉重的压缩填料被绷紧的织物和某种轻而富于弹性的管式托架所取代，所用的钢，特别是铝，都是很轻巧的。尽管它们经受了巨大的静态应变，但其轻巧的形状增加了弹性。各种型号都是以同样的标准制造的，基本零件均可方便地拆下互换。"

c　米斯（Ludwig Mies van der Rohe, 1886～1969 年）

米斯·凡·德罗是 20 世纪中期世界上最著名的四位现代建筑大师之一，与赖特、勒·柯布西耶、格罗皮乌斯齐名。米斯生于德国的一个普通石匠家庭。1907 年，他与格罗皮乌斯一同在贝伦斯的事务所工作，受到贝伦斯的很大影响。1928 年，他提出了"少即是多"（Less is More）的名言，提倡纯净、简洁的建筑表现。"少"不是空白而是精简，"多"不是拥挤而是完美。1930 年，米斯担任包豪斯第三任校长，1938 年移居美国，任伊利诺理工学院建筑系教授。他通过自己一生的实践，奠定了明确的现代主义建筑风格，并影响了好几代的现代建筑师和设计师，很少有人对现代建筑的影响能够有他那么大。美国作家汤姆·沃尔夫曾在他的著作《从包豪斯到现在》中提到，米斯的原则改变了世界都会三分之一的天际线。这并不夸张，而是反映出了米斯的重要作用和影响。代表作品有巴塞罗那国际博览会的德国馆（见图 2-13）、巴塞罗那椅（见图 2-14）、魏森霍夫椅。

图 2-13　1929 年巴塞罗那国际博览会的德国馆

图 2-14　巴塞罗那椅

1929 年，米斯设计了巴塞罗那国际博览会的德国馆。该馆占地长约 50m，宽约 25m，由一个主厅、两间附属用房、两片水池、几道围墙组成。除少量桌椅外，该馆没有其他展品，其目的是显示这座建筑物本身所体现的一种新的建筑空间效果和处理手法，体现了米斯"少就是多"、"流通空间"、"全面空间"的理论。德国馆宽畅的内部空间，馆内优雅而单纯的现代家具，使米斯成为当时世界上最受注目的现代设计家。德国馆建筑物本身和米斯为其设计的巴塞罗那椅成了现代建筑和设计的里程碑。

2.3　美国职业工业设计师的出现

早在第一次世界大战爆发之前，美国的经济实力已经超越英、法等欧洲列强，跃居世界首位。在第一次世界大战中，由于美国没有参与战争，并通过借款给交战各国，使美国成为整个欧洲的债主，更确立了其世界头号强国的地位。在 1927 年前后，美国经济出现了衰退迹象。1929 年纽约华尔街股票市场的大崩溃和紧接而来的经济大萧条使情况进一步恶化。当时的国家复兴法案冻结了物价，使厂家无法在价格上竞争，只能在外观上下功夫以争取消费者，所以产品外观设计和广告设计成为企业竞争的有力手段，设计的概念被工业界广泛地接受。在这种经济背景下，美国第一代工业设计师出现了。尽管他们来自各行各业，设计对象也比较繁杂，他们的方法和成就也各有千秋，但他们讲究实用性的设计能力，与客户良好的沟通和合作能力，使他们得到了业界的高度认可。在 20 世纪 20 年代的美国，工业设计师作为一个独立的职业出现，标志着工业设计确立了其在工业界的地位，并且工业设计作为一门独立的现代学科得到了社会的广泛承认。

在 20 世纪 20 年代之前，设计师们属于三种范畴，即建筑师、以设计作为一种爱好的业余设计师，以及由于在车间中的实践而成为设计师的工匠或工程师。像格罗皮乌斯、米斯等都是建筑师出身，阿什比是工匠出身。18 世纪的建筑师不但决定着范围广阔的各类产品的外观，也为那些先前不曾对"设计"感兴趣的社会集团设计产品。

2.3.1 罗维与流线型风格

罗维（Raymond Loeway，1889～1986 年）是最负盛名的第一代自由设计师，"美国现代设计之父"，第一位登上《生活》周刊封面的设计大师。他将流线型与欧洲现代主义糅合，建立起了独特的艺术语言。其设计的数目之多，范围之广令人瞠目。大到汽车、宇宙空间站，小到邮票、口红、公司的图标，都有他的设计。他代表了第一代美国工业设计师那种无所不为的特点，并取得了惊人的商业效益。罗维生于巴黎，1919 年移居美国，最初以画插图谋生，第一个工业设计是 1929 年为吉斯特纳公司重新设计的速印机。罗维将改善外观与提高操作效率及减少清洁面积结合起来，使原来油腻、零乱的机器变成了一种时髦的流线型产品，影响至今。从此以后，罗维开始了令他一生辉煌的工业设计生涯，设计领域包括产品设计、标志设计（见图2-15）、包装设计等。较著名的作品包括约翰·肯尼迪纪念邮票，灰狗汽车以及标志，壳牌、埃克森公司商标等。

图 2-15　罗维设计的壳牌标志

流线型原是空气动力学名词，用来描述表面圆滑、线条流畅的物体形状。这种形状符合空气动力学的原理，能减少物体在高速运动时的风阻，在运动中能够得到更大的速度。流线型设计最早用在 20 世纪的交通技术上，如轮船、飞机、汽车，以此来改善高速运动中的流体动力和气体动力性能。

1937 年，罗维为宾夕法尼亚铁路公司设计了 K45/S-1 型机车（见图 2-16）。该机车是一件典型的流线型作品，车头采用了纺锤状造型，不但减少了三分之一的风阻，而且给人一种象征高速运动的现代感。该机车的设计引发流线型风格成为当时工业设计的时尚造型语言。这种象征速度和时代精神的造型语言被广为流传，不仅用于交通工具，还应用于冰箱、电熨斗等家用电器和家居产品（见图 2-17）。这种新颖的形式对消费者具有很大的吸引力。不少流线型设计完全是由于它的象征意义，而并无功能上的含义。流线型在富有想象力的设计师手中，体现了其作为现代化符号的强大象征作用。

图 2-16　流线型 K45/S-1 机车（1937）　　　图 2-17　罗维设计的流线型可口可乐机

除此之外，罗维曾受肯尼迪总统委任，担任美国国家宇航局（NASA）的设计顾问，从事有关宇宙飞船内部设计、宇航服设计及有关飞行心理方面的研究工作。在宁静的太空，如何使宇航员在座舱内感到舒适、方便，并减少孤独感，这是工业设计的一个新课题。罗维对此进行了深入研究，提出了一套航天工业设计的体系与方法，并取得了巨大的成功。

2.3.2　其他第一代工业设计师和代表作

a　盖茨（Norman Bel Geddes，1893～1958 年）

盖茨是美国最早开业的职业设计师之一，流线型风格的重要人物。1932 年出版《地平线》，奠定了他在工业设计史上的重要地位。盖茨十分憧憬通过技术进步来从物质上和美学上改善人们的生活。《地平线》一书包括了一系列未来设计的课题，如为飞机、轮船和汽车等所作的预想设计，有些设想的运输工具的大小和速度仅在该书出版 4 年后就成了现实，这使他成了名噪一时的"未来学"大师之一。那一年，他还为纽约世界博览会通用汽车公司展览馆设计了 20 世纪 60 年代的未来景象，并大受欢迎，这使他达到了在事业上的高峰。由于缺少设计委托和自己不善理财，盖茨的事务所在第二次世界大战后不久便倒闭了。

盖茨曾经营过广告业，并由此转入舞台设计而取得了很大成功，而后他又成了一位有名望的商店橱窗展示设计师，他的展示设计常极富戏剧性。由于职业关系，盖茨对工业产品的设计与改型深感兴趣，进而开始从事工业设计工作。在设计上，盖茨是一位理想主义者，有时会不顾公众的需要和生产技术上的限制去实现自己的奇想，因此他实现的作品不多。盖茨不是流线型的发明者，但却是流线型风格的重要人物。1932 年，盖茨为标准煤气设备公司设计的煤气灶具就是一件流线型的作品，同年他还设计了全流线型的海轮，他于 1939 年设计的双层公共汽车也是流线型的作品（见图 2-18）。

b　德雷夫斯（Henry Dreyfess，1903～1972 年）

德雷夫斯的职业背景是舞台设计，1929 年他改变专业，建立了自己的工业设计事务所。他一生与贝尔电话公司有密切的关系，是影响现代电话形式的最重要设计师。德雷夫斯从 1930 年开始为贝尔设计电话机（见图 2-19），1937 年提出听筒与话筒合一的设计。在与贝尔的长期合作中，他设计出一百多种电话机。德雷夫斯的电话机因此走入了美国和世界的千家万户，成为现代家庭的基本设施。

德雷夫斯的一个强烈信念是设计必须符合人体的基本要求，他认为适应于人的机器才是

图 2-18　盖茨设计的流线型双层公共汽车　　　　图 2-19　德雷夫斯设计的电话机（1930）

最有效率的机器。他多年潜心研究有关人体的数据以及人体的比例及功能，这些研究工作
总结在他于 1961 年出版的《人体度量》一书中。这本书奠定了人机学这门学科在设计界中
的地位。他的研究成果体现在 1955 年以来他为约翰·迪尔公司开发的一系列农用机械之中，
这些设计围绕建立舒适的、以人机学计算为基础的驾驶工作条件这一中心，树立了一种亲
切而高效的形象。

　　c　提革（Walter D. Teague，1883 ~ 1960 年）

　　提革是美国最早的职业工业设计师之一，平面设计家。他与技术人员密切合作，善于利用
外形设计的美学方式来解决功能与技术上的难点。设计生涯与世界最大的摄影器材公司——柯
达公司有非常密切的联系。1927 年他为柯达公司设计了照相机包装，1936 年他设计了柯达公
司的"班腾"相机，这是最早的便携式相机，相机的部件压缩到最基本的地步，为现代 35mm
相机提供了一个原型与发展基础。提革发展了一套设计体系，该体系是企业开发整个产品系列
的设计，这种设计方式使他成为早期美国最为成功的工业设计师之一。代表作品有柯达相机、
波音 707 大型喷气式客机。1996 年的柯达小型手持式相机（见图 2-20）设计简练，操作方便，
其外壳上的水平金属条纹似乎仅仅是装饰性的，但实际上它们凸于铸模成形的机壳之外是为了
限制涂漆的面积，以减少开裂和脱皮。提革以美学形式解决技术问题的能力使他与柯达公司建
立了终身的业务关系。

　　1955 年，提革的设计公司与波音公司设计组合作，共同完成了波音 707 大型喷气式客机的
设计（见图 2-21），使波音飞机不仅有很简练、极富现代感的外形，而且创造了现代客机经典
的室内设计，是 20 世纪 50 年代美国工业设计的重大成就。

图 2-20　柯达小型手持式相机（1996）　　　　图 2-21　波音 707 大型喷气式客机

　　20 世纪 20 年代美国第一代职业工业设计师的出现以来，工业设计作为一个独立的职业和学科得到了世界的认可并稳步发展。第二次世界大战后，世界各大国都将工业设计作为一支重要的经济复苏力量，纷纷给予重视并扶持其发展，以提高本国工业产品和品牌的综合竞争力。直至今天，工业设计已经成为衡量一个企业和国家的核心竞争力的标志之一。

习　题　2

2-1　为什么说包豪斯是现代工业设计的摇篮？从今天的建筑和产品看，包豪斯都有哪些影响？

2-2　为什么第一代工业设计师在美国出现？

第 3 章　世界各国的工业设计

第二次世界大战后，美国对西欧各国和日本实行马歇尔援助计划，使这些国家在第二次世界大战的重创后快速恢复并重新崛起。美国工业设计的方法也广泛影响了欧洲及其他地区，各国对工业设计都给予了高度重视，并制定了相应的政策和设立工业设计大奖来扶持工业设计的发展，如日本、德国、荷兰、比利时和意大利等国都通过国家立法机构将设计作为国策确立下来。经过一段时期的努力，世界各国和地区都已经形成了各具特色的产品设计风格和设计文化。

民族的才是世界的。在经济全球化、产品批量化、设计国际化的背景下，我们呼唤个性的设计，文化的多元性。我国内地引入工业设计的时间较晚，大约在 20 世纪 70 年代末。1987 年中国工业设计协会的成立，促进了工业设计在我国的发展。但目前我国的工业设计与国外相比，差距还很大，缺乏鲜明的地域风格和设计文化。

2008 年底爆发的波及全世界的经济危机，给我国的制造业带来很大的冲击，特别是使那些主要依赖海外订单委托加工的企业提前进入了寒冬。回顾美国第一代职业工业设计师的出现正是在经济危机之后，那么能否将这次经济危机转化为契机，作为我国的工业设计的一个机遇和转折点呢？在经济还未回暖之前，我们认识和体验世界上发达国家工业设计的简要发展历程和设计文化，期望从中找到我国设计发展的动力源泉。

3.1　美国的工业设计

3.1.1　美国的制造体系

18 世纪时，美国仍是一个农业国家，到了 19 世纪中叶，美国工业才迅速起飞，并逐步取代英国而成为世界上最强大的生产力量。由于美国缺乏廉价劳动力，机械化的速度大大超过欧洲。为了适应大规模的机器生产，在美国发展了一种新的生产方式，即标准化产品的大批量生产。在大批量生产中，产品零件具有可互换性；在一系列简化了的机械操作中，使用大功率机械装置等，这就是所谓的"美国制造体系"。

欧美之间的差别不仅在制造体系上，这种差别还有更为广泛的反映，即存在于文化和社会的价值观念上。欧洲人的设计态度基于手工艺传统，产品的价值无论在经济上还是美学上都取决于它所体现出来的技艺；而美国方式则基于工业方法，强调面向各阶层人们的大批量生产和产品的适用性。

例如柯尔特"海军"型左轮手枪。1851 年生产的柯尔特"海军"型左轮手枪是美国制造体系的典型产品（见图 3-1）。与霍尔的来复枪一样，该手枪的机件简化到了最低的限度，其可互换部件的精密度使其成为沿袭多年的手枪的标准形式。"使枪的每一个相同部件完全一样，能用于任何一支枪。这样，如果把一千支枪拆散，杂乱地堆放在一起，它们也能很快地被重新装配起来。"

20 世纪 20 年代初，美国出现了第一代职业工业设计师，工业设计的地位被确立了。由于德国纳粹政府在欧洲的横行，在 20 世纪 30 年代后期，产生了历史上最大的跨国智力和创造才

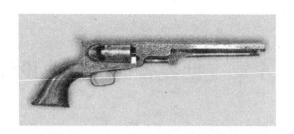

图 3-1　柯尔特 "海军" 型左轮手枪（1851）

能的迁移。欧洲的科学家、作家、建筑师、艺术家和设计师，纷纷从欧洲来到美国。其中艺术家里包括欧内斯特、杜香和蒙德里安等人。纳粹于 1933 年关闭包豪斯以后，格罗佩斯、温德罗和勃罗耶把功能主义的建筑运动移植到了美国海岸。贝耶和莫霍莱·纳吉把他们创新的处理带到了视觉传达设计。其他来到美国并在这个国家对设计作出重要贡献的还有视觉传达设计师麦特、卡洛、萨特纳和伯丁等人。欧洲的上述设计师到了美国以后，一方面试图建立类似德国包豪斯一类的设计学院，另一方面，结合美国的政治、社会经济和文化进行了一系列设计活动，逐步探索出了具有美国本土文化特色和适应时代的设计艺术风格，这种风格在战争年代的平面设计中表现十分突出。

随着 1941 年珍珠港事件的爆发，美国被卷入战争，并且在国际舞台上的地位和作用日益上升，逐步成为一个超级大国。第二次世界大战以后，美国作为未受战争损害反而大受其益的国家，在自由经济消费主义的引导下，在 20 世纪四五十年代进入了一个经济飞速发展的时期，伴随而来的是美国成为现代主义设计发展最快的国家。在这个过程中，美国凭借其强大的经济实力，不仅在战争期间试图通过设计来鼓舞其盟国打败法西斯和军国主义，而且竭力将现代主义设计发展成国际主义风格，并推向全世界。

1965 年，美国工业设计师协会（IDSA）成立。IDSA 与《商业周刊》杂志社合办的 IDEA 奖是全球工业设计界重要的评奖活动之一，素有工业界 "奥斯卡" 奖的美称。该奖项设立于 1979 年，全称是 INDUSTRIAL DESIGN EXCELLENCE AWARDS，主要颁发给已经发售的产品。参评 IDEA 奖的作品不仅包括工业产品，而且也包括包装、软件、展示设计、概念设计等，包括 9 大类，47 小类。评判标准主要有设计的创新性、对用户的价值、是否符合生态学原理、生产的环保性、适当的美观性和视觉上的吸引力。IDEA 奖自 20 世纪 90 年代以来在全世界极具影响，每年的评奖与颁奖活动不仅成为美国制造业彰显设计成果的最重要事件，而且对世界其他国家的企业也产生了强大的吸引力。

3.1.2　美国的汽车设计

美国被誉为 "车轮上的国家"，汽车是美国最典型的消费工业品。没有任何别的机器具有如此复杂的感情色彩，也没有任何产品能像汽车那样对人们的日常生活产生如此巨大的冲击。汽车的发展充满了功能性与象征性设计之间的相互作用，也最能反映美国工业设计的特点。汽车在塑造美国总体特色方面，举足轻重，汽车文化也理所当然地演变成美国文明特色的醒目色彩，美国的汽车生产方式和汽车设计对世界各国都产生了深远的影响。

　A　汽车的诞生

1885 年，世界公认的第一辆汽车诞生了，发明者是德国工程师卡尔·本茨（Karl Benz），并且他于 1886 年 1 月 29 日获得世界第一项汽车发明专利。这辆汽车采用一台两冲程单缸661.9W 的汽油机，具备现代汽车的基本特点，如火花点火、水冷循环、钢管车架、钢板弹簧悬架、后轮驱动、前轮转向等（见图 3-2）。从 19 世纪末到 20 世纪初，世界上相继出现了一批汽车制造公司，除戴姆勒和奔驰公司外，还有美国的福特，英国的劳斯莱斯，法国的雷诺、标致、雪铁龙，意大利的菲亚特等。这个时期，汽车的设计主要集中在不断改进汽车的机械结构等方面，让汽车行驶起来，速度快，操纵稳定；在车身造型方面还没有专门的设计人才，大家都不约而同地沿用三轮马车的形式，敞篷或活动布篷，大而窄的硬式车轮，只不过是用内燃机换下了马匹，没有车身设计可言，当时人们把汽车称为"无马的马车"。随着人们对乘坐舒适性的要求不断提高，车身逐渐加装了挡风板、挡泥板等构件。这个时代的马车型汽车仅仅针对少数富人生产，多是手工定制，作坊式运作，讲究装饰与手艺。

B 汽车的大众化革命——福特 T 型车和流水线

汽车工业的真正革命是从亨利·福特（Henry Ford）的 T 型车和流水装配线作业开始的。当汽车还是少数富人专利的时代，福特便看到汽车市场的远大前景，他发誓要"制造一辆为大众服务的汽车"。1903 年福特汽车公司成立，1908 年世界上第一辆 T 型车诞生并大量采用可互换性的部件（见图 3-3）。从福特 T 型车的造型来看，该车首次将简陋的帆布篷换成木制框架的箱型车身，满足了汽车遮风挡雨的基本功能，并且该车采用的是四轮，已经完全没有三轮马车的影子。这些变化宣布了车身外形设计的开端。此外，乘客舱的后面加设了行李舱，这形成了箱型车方方正正的造型。

图 3-2 本茨发明的三轮汽车

图 3-3 福特 T 型车

1913 年，世界上第一条汽车流水线投入生产，其生产流程是：用冲床将钢板压成车的外壳—车体倒转进行焊接—加装车门及车盖—除去钢板的毛边与暗号—防锈处理及车体喷漆—装配大梁、防震、传动以及引擎—内部装潢—加装散热器（水箱）、油压系统、燃料系统以及车轮—试验—出厂。第一条流水线使每辆 T 型汽车的组装时间由原来的 12 小时 28 分钟缩短至 10 秒钟，生产效率提高了 4488 倍。这种标准化部件和流水线的装配方式在增加产量和减少成本方面极为成功，1910 年福特生产了 2 万辆 T 型车，每辆成本 850 美元。1915 年在采用了新的生产方式之后，汽车年产量达 60 万辆，成本下降到 360 美元。

排列在福特工厂中的一排排相同的福特 T 型汽车，标志着设计思想的重大变化。福特在美学上和事实上把标准化的理想转变成了消费品的生产，这对于后来现代主义的设计产生了很大的影响。正是标准化大批量生产的福特 T 型汽车的出现让美国开始成为"车轮上的国家"，汽车工业迅速成为美国的一大支柱产业，乃至改变了世界。

C　汽车的商业性设计——有计划的商品废止制

20 世纪 20 年代以前，福特是美国汽车市场的领先者，曾一度占有 80% 以上的市场份额。福特汽车公司的 T 型轿车是当时汽车的代名词，其他的汽车公司完全没有办法和它竞争。到了20 年代，市场的时尚意识逐渐兴起，美国汽车工业似乎为两个相互矛盾的需求所困扰，一方面，对于廉价的追求需要采用标准化的大批量生产，另一方面，对于新奇的追求又要求很快地改变型号以保持消费者的兴趣。

1923 年，阿尔佛里德·斯隆（Alfred Sloan）成为通用汽车公司的总裁。1927 年，通用建立了第一个汽车式样设计部门——"色彩与艺术"部，哈里·厄尔（Harley Earl）出任主管，这标志着职业造型设计师走入了汽车行业。通用将以流行款式来对抗福特的 T 型汽车。厄尔是美国商业性设计的代表人物，世界上第一个专职汽车设计师，创造了高尾鳍风格（见图 3-4），并提出了"有计划的商品废止制"（planned obsolescence），即通过年度换型计划，设计师们源源推出时髦的新车型，让原有车辆很快在形式上过时，使车主在一两年内即放弃旧车而买新车。这些新车型一般只在造型上作新奇夸张的变化，内部功能结构并无多大改变，以纯粹视觉化的手法来反映美国人对权力、流动和速度的向往，并取得了巨大的商业成效。自此，通用公司取代福特公司登上世界第一汽车公司的宝座，直到现在仍是世界汽车业的巨头之一。

图 3-4　厄尔设计的高尾鳍风格汽车"艾尔多拉多"

厄尔的这种设计观与包豪斯直接由使用、材料和生产过程确定形式的原则是背道而驰的。尽管这种设计体系不被设计界推崇，并不断遭到环境保护主义者的抨击，却已经从 20 世纪 30 年代开始在美国的工业界生根，同时也影响到世界各国，以至于现在都似乎没有可能把厄尔创造的这种体系推翻。在这个体系的影响下，汽车业的巨头们在不断地改型，从 20 年代到 60 年代，汽车的造型从箱型、流线型一直变到船型、鱼型、楔型等多种形制。

D　美国的汽车喜好

美国是全球拥有汽车数量最多的国家，在各种交通工具中，汽车是美国民众的首选，它不仅是必备的代步工具，更是身份地位的象征。52% 的美国人习惯于通过驾驶者驾驶的汽车来判断他们的成功程度，其程度远远高于其他国家，同时美国人也经常根据该标准来决定自己的购车计划。在汽车的喜好上，美国人偏爱车型大、功率大、排量大、速度快、外观豪华的汽车。美国本土汽车巨头通用、福特、克莱斯勒等的轿车、商务车、多功能车在美国大行其道，而在中国盛行的微型轿车和面包车则踪影全无。热爱自由的美国人对"在路上"的生活状态情有独钟，因此房车在美国也格外红火。

吉普最能代表美国人强悍、硬朗的风格，吉普文化已经深深地进入了美国人的文化之中，并且感染着每个接触吉普的人。吉普诞生于二战之前，是由于军方的需求而专门为其开发的一款轻量化、好操作、耐用度高、可信赖及灵活的车型。美国大兵开着吉普，嚼着口香糖，吹着口哨把吉普文化带到了世界各地（见图3-5）。吉普在美军中一直服役到1981年，最后被"悍马"取代。但吉普并没有从美军中消失，M151"快速攻击车"到现在还在海军陆战队中使用。

二战之后，吉普走向民用。人们用具有坚固及可靠特性的吉普来重建家园。从那时起，吉普带着自己与生俱来的优异特质走进和平年代，并经过一次次的改进日趋完美，当然吉普也把那份原始的激情与野性保留至今，成为汽车队伍中的一道风景（见图3-6）。在众多车厂纷纷推出SUV车种的今天，吉普是唯一在四轮传动车界中卓然而立60年的美国品牌。这个品牌已被许多人用来泛称越野性能强悍的车种，事实上这是吉普经过注册的专属商标，它只属于吉普。

图3-5　二战中的美国吉普

图3-6　新型美国吉普

依托于美国本土强大的消费市场，美国福特、通用、克莱斯勒三大厂商以有计划的废止制为商业性设计的核心理念，多在样式翻新上做文章，而在安全性、节能等方面很少作技术创新。多年的积淀下，美国车厂在竞争力方面已明显不如欧洲和日本的竞争对手，不仅产品很难走出美国，就连本土市场的份额都遭到了外来者的挑战。在高端豪华品牌上，凯迪拉克和林肯面对德国几大豪华品牌，捉襟见肘。日本和韩国品牌对美国品牌中低端市场的份额蚕食更是把美国三大车厂逼到了生死的边缘。当这个竞争有了美国经济衰退和全球能源危机的大背景时，就被更加放大了。

3.1.3　美国的有机现代主义家具

20世纪四五十年代新材料、新工艺的不断涌现，促进了美国家具与室内设计的发展，形成了强调弹性结构、强调家具的可移动组合的有机设计风格，乃至有机设计风格最后成为这一时期西方各国主要流行的室内设计风格。有机现代主义以经济耐用为原则的功能主义被广泛接受并获得了很大发展。到20世纪40年代中期，功能主义已逐渐包括了它许多风格上的变化，这些变化离开了包豪斯几何形式和机器语言美学，人们开始抱怨功能主义刻板、冷漠的设计，而有机现代主义正是在这种情形下应运而生。

家具的"有机设计"（Organic Design）概念，最早始于1941年在纽约现代主义艺术博物馆中举办的一次题为"家庭陈设中的有机设计"（Organic Design in Home Furnitureings）的展览。在由当时美国工业设计部主任埃略特·诺伊斯（Eliot Noyes）主持的展览上，查尔斯·伊姆斯（Charies Eames）和埃罗·沙里宁（Eero Saovinen）合作设计的椅子系列获得了头奖。这是一组用胶合板模压成型的椅子，椅子的造型根据不同场合人体坐姿的不同，做成双向曲面的形状，一改过去已有的单向歪曲创造了三维曲面，并使用了一种前无古人的橡胶连接件，有效地连接了胶合板构件的软构件，这两项创新对以后的家具设计影响很大，成为世界范围内普遍的手法。

展览的主办者是这样评价这组椅子系列的："一个设计，当它整体中的各部分能根据结构、材料和使用目的很和谐地组织在一起时，就可以称作是有机的。在这一定义中，可以不存在徒劳无用的装饰或多余之物，而美的部分仍然是显赫的——只要有理想的材料选择、有视觉上的巧妙安排，以及将要使用之物有其理性上的优雅即可。"这大概可以作为对"有机设计"最完善和最深刻的解释。

a　伊姆斯（Charles Eames，1907～1978 年）

伊姆斯是美国最杰出、最有影响的少数几个家具与室内设计大师之一。他将包豪斯的理论与 20 世纪的斯堪的纳维亚设计美学相结合，设计具有合乎科学与工业设计原则的结构、功能与外形。此外，他还关注新材料及制作工艺，对胶合板、玻璃、纤维材料，以及钢条、塑料等新材料很感兴趣，并设计了多种形式的胶合板热压成型的家具。这些家具简单、朴素、方便适用，成为销路最广的大众化产品。伊姆斯的椅子是 20 世纪最深入人心的家具杰作，被誉为"美国的莫里斯椅"，他的不少作品到目前还在继续生产和流行。

1946 年，伊姆斯和妻子共同设计的采用多层夹板热压成型生产的椅子 LCW and DCW（见图 3-7），不但符合人机工程学的原理，而且经济实用。该椅的弯曲胶合板椅腿降低到适合饭桌的高度，曲线玲珑的座位和靠背分离，使人坐上去感觉更舒服。这些椅子由 Evans 产品公司首次生产，赫尔曼·米勒家具公司分发。椅子一直生产到 1957 年，并在 1994 年再次投放到市场，1999 年伊姆斯椅被时间杂志评选为"百年最佳设计"。

伊姆斯在 1956 年设计的躺椅功能杰出，可以上下调节，既是休息时看报聊天的坐椅，又可以在房间中随意组合，创造出一种弹性的空间，堪称躺椅设计中最杰出的代表（见图 3-8）。伊姆斯躺椅及脚凳的构思也表现出了现代技术与传统休闲方式的结合，即它完全是为舒适而设计的。而模制的胶合板底板加上上部皮革垫的组合方式也非常有创意，这种椅子至今还用在众多的商业和居住环境中，可见其设计的持久生命力。

图 3-7　伊姆斯夫妇设计的椅子 LCW and DCW　　　　图 3-8　伊姆斯设计的躺椅及脚凳（1956）

1948 年，伊姆斯设计出第一个成功地批量生产的浇注塑料椅子 DAR，这种椅子是用玻璃纤维固定的聚酯浇注出来的（见图 3-9）。DAR 是 1951 年被赫尔曼·米勒家具公司推出来的，并生产了几种不同类型的独立形式一直到 1995 年。图 3-9 所示的 DAR（餐饮和书桌椅子）模型以一种轻型结构钢丝为基础，它们经常被称为"艾菲尔铁塔"。DAR 的变异形式在底部有白桦木摇杆。其他标准模型（如 DAX、LAX 和 SAX）有更传统的金属腿，而且有些是带着旋转座位的。

b 沙里宁（Eero Saarinen，1910～1961 年）

图 3-9 伊姆斯设计的椅子 DAR

沙里宁是著名建筑设计师和工业设计师。20 世纪 40 年代，沙里宁与诺尔公司合作从事家具设计，代表作有 71 号玻璃纤维增强塑料模压椅、胎椅、郁金香椅等，这些作品都体现出有机的自由形态，而不是刻板、冰冷的几何形，被称为有机现代主义的代表作，成了工业设计史上的典范，至今仍广为流传和使用。与伊姆斯一样，沙里宁也对探索新材料新技术非常热心，并且他在强调材料和使用的合理性的同时，更注重用现代艺术语言创造与环境协调一致的更具有整体感的家具。

1946 年，沙里宁设计了"胎椅"（又名"子宫椅"），该椅采用玻璃纤维增强塑料模压成型，覆以软性织物（见图 3-10），其设计构想源自对人体舒适与现代美感之间的最默契的结合，被称为一件真正的有机设计，也成为沙里宁的经典作品之一。1955 年，沙里宁设计了其最为著名的作品——郁金香椅（见图 3-11），该椅的铸铝基座外包塑料外壳，并且采用预应力模压玻纤板椅身、红色松软的泡沫坐垫。这件作品清除了以前椅子设计千篇一律的四条腿结构，而使人们能够轻松自如地活动腿部。另外沙里宁也希望通过视觉上类似酒杯的造型达到某种视觉的审美感受，因为该椅形如一朵浪漫郁金香，也似乎像是一只优雅酒杯。1957 年，沙里宁又设计出更为舒适的扶手郁金香椅和餐椅，这使得这些著名的设计成为一个经典的组合。这些椅子的形式是沙里宁仔细考虑了生产材料、结构和人体姿势才获得的，并不是故作离奇，它们的自由形式是其功能的产物，并与某种新材料、新技术联系在一起，都被视为"有机设计"的典范。正如沙里宁自己所说的，如果批量生产的家具要忠于工业时代的精神，它们"就决不能去追求离奇"。

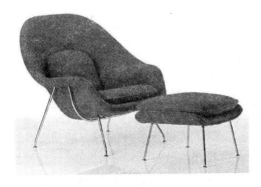

图 3-10 子宫椅

图 3-11 郁金香椅

沙里宁作为一个建筑设计师，特别强调家具设计与室内设计的整体和谐，并把家具和室内装潢当作建筑设计的一部分，认为建筑和工业设计都能通过造型表现一种精神，具有隐喻的内涵。沙里宁在建筑上的代表作有杰弗逊纪念碑，耶鲁大学溜冰场、莫斯与斯泰尔学院、美国驻英国大使馆、美国驻挪威大使馆、密尔沃基战争纪念馆、哥伦比亚广播公司大楼、环球航空公司候机楼等。另外澳大利亚悉尼歌剧院的最终方案也是由沙里宁从废纸篓里挽救回来的，这也算是他对 20 世纪建筑设计的贡献之一。

3.1.4　美国信息时代的人性化设计

信息技术和因特网络的发展在很大程度上改变了整个工业的格局。新兴的信息产业迅速崛起，开始取代钢铁、汽车、石油化工、机械等传统产业，成了知识经济时代的生力军，摩托罗拉、英特尔、微软、苹果、IBM、惠普、美国在线、亚马逊、思科等 IT 业的巨头如日中天。以此为契机，工业设计的主要方向也开始了战略性的转移，由传统的工业产品转向以计算机为代表的高新技术产品和服务。在将高新技术商品化、人性化的过程中，工业设计起到了极其重要的作用，并产生了许多经典性的作品，开创了工业设计发展的新纪元。美国苹果电脑公司在这方面的工作是最具代表性的，本身也成了信息时代工业设计的旗舰。

20 世纪 90 年代末期，苹果试探性地进入数字娱乐产业，并把方向定为将苹果电脑变为"信息生活"的中心，很快确定应该在音乐领域有所作为。2001 年，苹果推出了音乐软件 iTunes，当时便携式存储器、播放器还是一个非常狭小的市场，2001 年全美仅售出 72.4 万台数码音乐播放器，似乎并不值得进入。但直觉告诉苹果需求是存在的，只是以往的产品普遍太差，不是只能存几首歌的低效玩具，就是难于操作的砖头般大的怪物。设计天才艾韦负责 iPod 的外观设计："从一开始我们就想要一个看起来无比自然、无比合理又无比简单的产品，让你根本不觉得它是设计出来的"。于是有了后来的风格极简、纯白的 iPod，在充斥着各种颜色的数字家电市场，它完全与众不同，"它是无色的，但是一种大胆到令人震惊的无色"（见图 3-12）。

图 3-12　iPod 系列产品

当 2004 年 iPod 宣布推出时，没几个人将它视为统治便携音乐播放器市场的产品。然而，苹果的市场占有率占到了 MP3 产业的 60%，它的竞争对手出现后又消失，而剩下来的对手似乎也只是满足于争夺它没有占领的小块市场。究其成功原因，其一是在苹果推出 iPod 前，没有哪家公司真正在集成播放器、计算机和将前两者连接在一起的软件上下工夫，iTunes-iPod 组合是这方面的黄金标准。其二是苹果始终如一地、没有一点偏差地贯彻着一个计划——做简单的产品。iPod 的高雅和朴素令人震惊，找一位歌手、一首歌曲、一个唱片集或一个播放列表也很容易，进行音量控制和开关电源的方法更是十分巧妙。

2004 年初，几乎在世界各地的每一个电脑商城，人们都能看到行色各异的人摆弄着苹果出品的数码音乐播放器 iPod。而到了 2005 年，一位不愿透露姓名的微软高管告诉 Wired 杂志，微软总部内 80% 的员工都在用 iPod。为此，与乔布斯亦敌亦友的比尔·盖茨也不得不出面表态称自己并非 iPod 用户，但不得不承认"iPod 是个了不起的成功"。几年来苹果在便携式播放器市场一路领先，不同价位、不同配置、不同存储容量的产品层出不穷，最新元素不断被添加到 iPod 产品中。可以说，没有任何一家 MP3 播放器生产商能够挑战苹果的霸主地位。苹果锐意改革和不断创新，已经把 iPod 和"苹果"品牌捆绑在了一起。

3.2 德国的工业设计

第二次世界大战后，德国作为战败国几乎是在废墟上开始了它的重建。经过几十年的努力，德国的经济得到快速恢复和发展，并且重新崛起站在世界大国之列，而且还成功实现了东德和西德的和平统一，这不得不说是经济上和政治上的奇迹。随着经济的复兴，联邦德国成了当时世界上先进的工业化国家之一，德国工业建立了高质量的世界信誉，汽车、机械、仪器和消费品等具有可靠的质量、精密的技术，在世界设计舞台上形成了鲜明的设计风格和品质，体现了德国人严谨理性的日耳曼民族精神。德国企业具有强烈的设计意识，都有优秀的设计部门负责企业的产品开发，如西门子公司、艾科公司等。

德国"红点奖"（Red Dot Design Awards）与德国"iF 奖"、美国"IDEA 奖"并称为世界三大设计大奖。iF 大奖由德国 iF（International Forum Design）汉诺威国际论坛设计有限公司主办，诞生于 1953 年，至今已有 50 余年的悠久历史。它以振兴工业设计为目的，提倡设计创新理念，每年都会召开国际性竞争大赛，被公认为全球设计大赛最重要的奖项之一。伴随着"德国制造"在世界赢得的信誉，iF 的影响力逐渐扩大到全世界的众多企业，在设计师的心目中也有着举足轻重的地位。经过半个多世纪的努力，工业设计的理念传遍了世界各地，2001 年德国 iF 针对所有活跃在中国市场的厂商和设计公司，设立了"iF 中国设计大奖"，借以向全世界展示中国设计行业的现状及发展潜力，并为中国的工业设计产品带来了属于自己的"奥斯卡"。

"红点奖"由欧洲最具声望的德国著名设计协会（Design Zentrum Nordrhein Westfalen）在德国城市埃森（Essen）设立，在历经了多次历史变革后，如今已成为全球工业设计界顶级设计大奖。自 1955 年创办以来，红点奖已经成为全球范围内最重要的设计奖项之一，用于表彰在汽车、建筑、家用、电子、时尚、生活科学以及医药等众多领域取得的成就。因此，每一年都有一些杰出的行业产品因其卓越的设计品质被授予"红点"奖项。三大奖项分别是产品设计奖、传播设计奖和设计概念奖。

3.2.1 德国工业同盟

德国是世界上最早完成工业革命的国家之一，到 19 世纪 80 年代，德国在工业和技术上已经超过了最早完成工业革命的英国。德国工业的快速发展与欧洲英、法等国家一样，存在着外观设计丑陋的毛病。1896 年，德国政府举办了一次博览会，众多工业品的外观设计可以说五花八门，不伦不类。正因为如此，导致了后来的新艺术运动中"青年风格"设计的出现。在德国以"青年风格"为特征的新艺术运动并没有从根本上解决现代工业中所出现的设计问题，所以，大约从 1902 年开始，就有一部分德国的设计师从"青年风格"中分离出来，试图从新的角度、新的方面去探索工业化和机械化条件下新的设计艺术形式。在这个探索过程中比较突出的设计师是彼得·贝伦斯（Peter Behrens，1868 ~ 1940 年）和穆特修斯（Herman Muthesius，1869 ~ 1927 年）。

1904 年，穆特修斯担任德国贸易部主管之下的 81 所国家高等艺术院校的主管官员。在深入了解英国等欧洲国家和德国设计现状的基础上，穆特修斯认为机械化与新技术是提高德国设计艺术的前提，他坚决反对立足于装饰和手工业的德国"青年风格"，并且反对任何设计上对单纯艺术风格、单纯装饰的盲目追求，主张设计艺术必须追求目的，讲究实用功能，讲究成本核算，极力宣传功能主义的设计原则。为了将他的这种设计思想贯彻到实践中去，1907 年 10 月 6 日，穆特修斯在贝伦斯、威尔德等人的倡导下，成立了德国第一个设计组织——德国工业联盟（DWB Deutscher Werkbund），又叫德意志制造同盟。该组织是由一些富有进取心的工业家、建筑师、艺术家、著作家组成的联合体，云集了当时德国几乎所有的著名设计师，如亨利·凡·德·威尔德、弗里德利克·鲁姆，彼得·贝伦斯、布鲁诺·陶特，以及奥地利"分离派"的霍夫曼和奥别列切等。

德国工业同盟提出了 6 个观点：（1）明确提出艺术、工业、手工艺相结合；（2）主张通过教育、宣传提高德国设计艺术的水平，完善艺术、工业设计和手工艺；（3）强调联盟走非官方路线，保持联盟作为艺术界行业组织的性质，以避免政治对设计工作的干扰；（4）要求在德国设计艺术界大力宣传和主张功能主义，承认并接受现代工业；（5）在设计中，反对任何形式的装饰；（6）主张标准化下的批量化，以此为设计艺术的基本要求。

在德国工业联盟的会员中，最著名的设计师是彼得·贝伦斯，他是工业联盟的发起者之一，常被称为第一位工业顾问设计师。1907 年他被德国通用电气公司 AEG 聘请担任建筑师和设计协调人，开始了他作为工业设计师的职业生涯。这是世界上的第一家公司第一次聘用一位艺术家来监督整个的工业设计，以及让一位艺术家担任董事，并且贝伦斯也成为艺术设计史上第一个担任工业公司艺术领导职务的人。他全面负责 AEG 的建筑设计、视觉传达设计和产品设计，为 AEG 树立了一个统一完整的企业形象，不仅开创了现代公司标识体系的先河，而且他与 AEG 的成功合作开启了欧洲现代工业与艺术设计相结合的先河。贝伦斯所制订的生产纲领和工业产品样品，一直到 20 世纪 30 年代仍起作用，此外他还制定了批量生产的技术复杂型产品的艺术设计方法，这些方法后来成为现代艺术设计的职业手段。贝伦斯在 AEG 各方面设计的成就，就是联盟所追求目标的一个典型范例。

1909 年至 1912 年，贝伦斯参与建造公司的厂房建筑群，其中他设计的透平机车间成为当时德国最有影响的建筑物，被誉为第一座真正的"现代建筑"（见图 3-13）。他设计的 AEG 的透平机制造车间与机械车间，造型简洁，摒弃了任何附加的装饰，是他的建筑新观念的体现。贝伦斯把自己的新思想灌注到设计实践当中去，大胆地抛弃了流行的传统式样，采用了新材料与新形式，使厂房建筑面貌焕然一新。厂房钢结构的骨架清晰可见，宽阔的玻璃嵌板代替了两侧的墙身，各部分的匀称比例减弱了其庞大体积产生的视觉效果，其简洁明快的外形是建筑史上的革命，具有现代建筑新结构的特点，强有力地表达了德意志制造联盟的理念。

在设计中，贝伦斯十分注意运用逻辑分析和系统协调的方法去解决问题，重视产品标准化部件设计，已具有初步的现代大工业设计观念。他在 1907 年为 AEG 设计的台灯、电扇（见图 3-14）、

图 3-13　贝伦斯设计的 AEG 透平机车间

图 3-14　贝伦斯设计的电扇

电热水壶（见图 3-15），都奠定了现代设计的功能主义的基础。电热水壶以标准零件为基础，采用这些零件可以灵活装配成 80 余种水壶，并有不同材料、不同表面处理和不同尺寸的多种方案选择。他还为 AEG 作企业整体形象系统设计，统一了企业的形象，并且 AEG 公司的标志至今仍在使用。除此之外，贝伦斯还是个教育家，在担任杜塞尔多夫美术学院院长期间，从事设计教育的改革，培养了包括格罗皮乌斯、米斯和勒科布西埃等在内的众多世界著名的建筑师和设计师。

图 3-15　贝伦斯设计的电热水壶

3.2.2　乌尔姆造型学院与德国博朗公司

德国的设计历史悠久，诞生了德国工业联盟、包豪斯学校等对现代设计有重大影响的组织。1947 年德国工业联盟重建，1951 年成立工业设计理事会，为"优良的产品设计"制定严格的标准。1953 年建立了战后最重要的设计学院乌尔姆造型学院。乌尔姆造型学院的创建者们坚信艺术是生活的最高体现，因此他们的目标就是促进将生活的本身转变成艺术品。乌尔姆造型学院以理性主义设计、技术美学思想为核心，倡导系统设计原则，培养出了新一代工业设计师、建筑设计师和平面设计师等优秀人才。乌尔姆造型学院的设计思想被德国重要的家电公司 BRAUN（博朗，又译布劳恩）公司广泛实施。1951 年博朗兄弟继承父业接管公司时，博朗公司还只是一家默默无闻的小型企业。为了推进设计，博朗聘请了拉姆斯（Dieter Rams）等年轻设计师，并在 20 世纪 50 年代中期组建了设计部，与乌尔姆造型学院建立了合作关系。在该院产品设计系主任古戈洛特（Hans Gugelot，1920～1965 年）等教师的协助下，博朗公司设计生产了大量优秀产品，并建立了公司产品设计的三个一般性原则，即秩序的法则、和谐的法则和经济的法则。从此博朗公司不断发展，成了世界上生产家用电器的重要厂家之一。

在 1955 年的杜塞尔多夫广播器材展览会上，博朗公司展出了一系列收音机、电唱机等产品，这些产品与先前的产品有明显的不同，外形简洁、色彩素雅是博朗公司与乌尔姆造型学院合作的首批成果。1956 年，拉姆斯与古戈洛特共同设计了一种收音机和唱机的组合装置，该产品有一个全封闭白色金属外壳，加上一个有机玻璃的盖子，被称为"白雪公主之匣"（见图 3-16）。

图 3-16　博朗公司生产的收音机和唱机组合

　　联邦德国设计史上的另一里程碑是系统设计方法的传播与推广，这在很大程度上也应归功于乌尔姆造型学院所开创的设计科学。系统设计的基本概念是以系统思维为基础的，目的在于给予纷乱的世界以秩序，将客观事物置于相互影响和相互制约的关系中，并通过系统设计使标准化生产与多样化的选择结合起来，以满足不同的需要。系统设计不仅要求功能上的连续性，而且要求有简便的和可组合的基本形态，这就加强了设计中几何化，特别是直角化的趋势。古戈洛特和拉姆斯将系统设计理论应用到了产品设计中。1959 年，他们设计了袖珍型电唱机收音机组合（见图 3-17），该产品与先前的音响组合不同，其中的电唱机和收音机是可分可合的标准部件，使用十分方便。这种积木式的设计是以后高保真音响设备设计的开端。到了 20 世纪 70 年代，几乎所有的公司都采用这种积木式的组合体系。

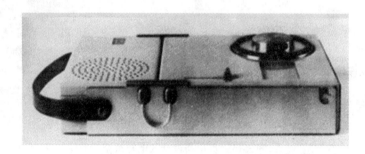

图 3-17　博朗公司生产的袖珍型电唱机收音机组合

　　除音响制品外，博朗公司还生产电动剃须刀、电吹风、电风扇、电子计算器、厨房机具、幻灯放映机和照相机等一系列产品。这些产品都具有均衡、精练和无装饰的特点。色彩上多用黑、白、灰等"非色调"。造型直截了当地反映出产品在功能和结构上的特征。这些一致性的设计语言构成了博朗产品的独有风格。1961 年生产的台扇（见图 3-18）生动地体现了博朗机械产品的特色，它把电机与风扇叶片两部分设计为两个相接的同心圆柱体，强调了风扇的圆周运动和传动结构，这

图 3-18　博朗公司生产的台扇

种台扇在 1970 年获得了前联邦德国的"出色造型"奖。

　　乌尔姆造型学院与博朗公司合作是设计直接服务于工业的典范，博朗的设计至今仍被看成是优良产品造型的代表和德国文化的成就之一。如今，博朗在日本、美国和中国都设有自己的公司，全球员工超过 7500 人，产品包括十大类 200 多种小家电产品，涉及电动剃须刀、电动口腔护理产品、脱毛器、食品加工器、咖啡机、电熨斗、耳朵测温计、护发设备、时钟和计算器。其中，在几何刀片、脱毛器、手动搅拌机和口腔护理产品等设计领域遥遥领先，成为名副其实的家电巨头。

3. 2. 3　德国的汽车设计

　　德国汽车拥有众多的世界知名品牌，如奔驰、宝马、大众、奥迪、保时捷、欧宝等，德国的汽车产业与美国、日本共同构成了世界汽车的三大体系。从总体上看，德国汽车以质量好、安全可靠而著称，奔驰、宝马等豪华车和保时捷跑车在世界车坛享有盛誉，经久而不衰，其品

牌含金量极高。在国际品牌和商业周刊 2007 年全球十大汽车品牌评选中，德国奔驰排名第 2、宝马排名第 3、大众排名第 6、奥迪排名第 7、保时捷排名第 9，前十名中德国车占了一半。可见，德国的汽车设计在世界上具有举足轻重的地位。

德国汽车设计的历史可谓悠久。世界上第一辆汽车就是德国人卡尔·本茨（Karl Benz）在 1885 年发明的三轮汽油汽车。同年戈特利布·戴姆勒也发明了一部四轮汽油汽车。两人各自成立了自己的汽车公司，1926 年两家合并为戴姆勒-奔驰汽车公司。1914 年第一次世界大战前，德国汽车工业已基本形成一个独立的工业部门，年产量达 2 万辆。1934 年 1 月，著名汽车设计大师波尔舍联合 34 万人合股成立了大众汽车公司，得到希特勒政府的支持，而随后开发的甲壳虫汽车令大众迅速成为国际性的汽车厂商。二战德国的战败给德国的汽车工业造成了一定的损失，但从 1950 年开始，德国汽车工业得到了较快的发展，超过英国而成为世界第二大汽车生产国。然而 1967 年日本的产量超过了德国，以后德国便始终处在第三的位置，且增长速度较慢。

例如波尔舍与"甲壳虫"。波尔舍（Ferdinand Alexander Porsche，1875～1951 年）在空气动力学与汽车造型的关系研究上有所造诣，是流线型理论与实践的专家。波尔舍于 1931 年画出了甲壳虫的草图，1935 年制造出第一辆样车（见图 3-19）。希特勒本人参加了 1937 年大众"甲壳虫"小汽车的生产开幕式，还乘坐了汽车，并且表示赞赏。然而 1939 年战争爆发，该汽车的批量生产被迫中断，超过 30 万的订单无法兑现，汽车厂在战争期间只能生产军用车辆，直至 1945 年英国占领军首先在德国恢复了该车的批量生产，大众公司紧随其后。到 20 世纪 50 年代，甲壳虫汽车作为新兴中产阶级的首选交通工具并且成为德国复兴的标志。

图 3-19　波尔舍设计的甲壳虫

"甲壳虫"这个名字第一次出现是在 1938 年 7 月 3 日的《纽约时报杂志》上，美国人认为这辆车像"一只可爱的小甲壳虫"。从 1967 年起，这辆车在德国正式被称为"甲壳虫"，而之前该车一直被称为"大众汽车 1 型"。之后，这辆车在所有语言中都被称为"甲壳虫"。甲壳虫诠释的概念是以前任何一辆车都无法体现的，它的设计还要追溯到第二次世界大战期间。甲壳虫的故事始于 1938 年，当时，第一辆坚实而具有与众不同外形的甲壳虫在德国的沃尔夫斯堡下线。与现代主义刻板的几何形式语言相比，甲壳虫的有机形态更富有生趣，更易于理解和接受，一经推出就大受欢迎。

甲壳虫在 1978 年就告别了欧洲大陆，并且老甲壳虫已退出了历史舞台。于是我们看到的是 1998 年开始在墨西哥生产并向全球市场推出的，基于高尔夫平台制造的新甲壳虫，它们用最新的时尚元素演绎了老甲壳虫的可爱形象（见图3-20）。1981年5月15日，第2000万辆甲壳虫轿车在大众汽车公司位于墨西哥的Peubla工厂下线，这是汽车工业史上的一个奇迹，同时也标志着一个新的世界纪录的诞生。就算是在20世纪上半叶销售最好的，被称为世纪之车的福特T型车，在其20年的生产过程中也只是生产了1500万辆。从那时候起，甲壳虫车就征服了全世界。新甲壳虫的设计得到了许多国际大奖。美国工业设计联合会（IDSA）授予新甲壳虫"十年大奖"中最受欢迎奖。在这之前，汉诺威工业设计论坛授予新甲壳虫"最佳产品设计奖"，芝加哥授予新甲壳虫"杰出设计奖"。

图3-20 新甲壳虫

3.2.4 德国著名设计师和设计公司

进入20世纪80年代后，由于世界市场的竞争，德国的一些企业开始放弃德国传统的理性主义设计风格，在产品设计上开始注重形式因素，并尝试走双重的设计道路，即德国传统的理性主义主要面对欧洲和国内市场，而前卫的商业性设计则面向欧洲以外的广泛的国际市场。这一切与美国和日本的影响有关。一些设计师和设计公司开始在世界舞台上崭露头角，并做出了许多优秀的设计作品。德国著名的工业设计师有科拉尼、艾斯林格等，著名的设计公司有青蛙公司。

a 科拉尼（Luigi Colani，1926~   ）

科拉尼出生于德国柏林，早年在柏林学习雕塑，后到巴黎学习空气动力学，1953年在加州负责新材料项目。这样的经历使他的设计具有空气动力学和仿生学的特点，表现出强烈的造型意识。当时的德国设计界努力推进以系统论和逻辑优先论为基础的理性设计，而科拉尼则试图跳出功能主义圈子，希望通过更自由的造型来增加趣味性。他设计了大量造型极为夸张的作品，被称为"设计怪杰"。

作为20世纪最著名，同时也是最受争议的设计师之一，有人认为科拉尼离经叛道，也有人把他当作天才和圣人一样崇拜。他的设计作品从交通工具到建筑、家具、眼镜、首饰等都采用的是曲线、圆形的形式，创造了一个独特的充满魅力的"圆形世界"（见图3-21、图3-22）。他认为"宇宙间并无直线"，设计必须服从自然规律和规则，"我所做的无非是模仿自然界向我们揭示的种种真实。"

b 艾斯林格与青蛙公司

在国际设计界最负盛名的欧洲设计公司当数德国的青蛙设计公司。作为一家大型的综合性国际设计公司，青蛙设计以其前卫，甚至未来派的风格不断创造出新颖、奇特、充满情趣的产品。青蛙设计公司的创始人哈特莫特·艾斯林格（Hartmut Esslinger，

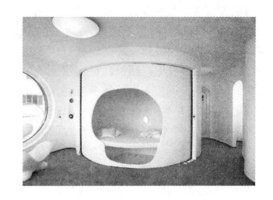

图 3-21 科拉尼设计的铃木卡车　　　　　　图 3-22 科拉尼设计的 Rotor House

1944～　）是 20 世纪最负盛名和最成功的工业设计师之一。他的设计哲学是"形式追随激情"。"设计的目的是创造更为人性化的环境，我的目标一直是将主流产品作为艺术来设计。"

　　艾斯林格年轻时在斯图加特大学学习电子工程，后来在另一所大学专攻工业设计，这样的经历使他能完满地将技术与美学结合在一起。1969 年，他在德国黑森州创立了自己的设计事务所，这便是青蛙设计公司的前身。1982 年，他为维佳（Wega）公司设计了一种亮绿色的电视机，并命名为青蛙，获得了很大的成功。于是艾斯林格将"青蛙"作为自己设计公司的标志和名称。另外，"青蛙"（Frog）一词恰好是德意志联邦共和国（Federal Republic of Germany）的缩写，也许这并非偶然。青蛙设计也与博朗的设计一样，成为德国在信息时代工业设计的杰出代表。青蛙公司的设计既保持了乌尔姆造型学院和博朗公司的严谨和简练，又带有后现代主义的新奇、怪诞、艳丽，甚至嬉戏般的特色，在设计界独树一帜，并且在很大程度上改变了 20 世纪末的设计潮流。青蛙的设计原则是跨越技术与美学的局限，以文化、激情和实用性来定义产品（见图 3-23、图 3-24）。

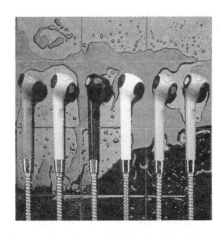

图 3-23 青蛙公司设计的淋浴喷头　　　　　图 3-24 青蛙公司设计的轮滑鞋

　　青蛙公司的业务遍及世界各地，合作企业包括 AEG、苹果、柯达、索尼、奥林巴斯、AT&T 等跨国公司。青蛙公司的设计范围非常广泛，包括家具、交通工具、玩具、家用电器、展览、广告等，但 20 世纪 90 年代以来该公司最重要的领域是计算机及相关的电子产品。青蛙公司积极探索"界面友好"的计算机，通过采用简洁的造型、微妙的色彩以及简化了的操作系统，取得了极大的成功。特别是青蛙的美国事务所，成了美国高技术产品设计的最有影响的设计机构，是荣获美国工业设计优秀奖品最多的设计公司之一。1984 年，青蛙为苹果设计的苹果 Ⅱc 型计算机出现在《时代》周刊的封面，被称为"年度最佳设计"（见图 3-25）。艾斯林格也因此在 1990 年荣登商业周刊的封面，这是自罗维1947 年作为《时代》周刊封面人物以来设计师仅有的殊荣。

图 3-25　青蛙公司设计的苹果 Ⅱc 型计算机

3.3　英国的工业设计

16 世纪之前，英国还是一个默默无闻的岛国。18 世纪下半叶，英国最先开始工业革命，便因此成为世界第一富国。到 19 世纪中期，英国成为世界上第一个工业化国家，并大量出口工业制成品，进口大量原材料和农副产品，成为世界工厂和世界的经济中心。英国通过经济贸易和军事扩张的手段，建立了许多殖民地，几乎遍布地球的每一个角落，号称"日不落帝国"。英帝国最强盛时的领土遍及 5 个大洲，总面积多达 3350 万平方公里，是英国本土面积的 137 倍，占全球陆地面积的 1/4；其殖民地人口约有 4 亿，占列强全部殖民地人口的 75% 以上。从地球北极附近的加拿大，到南极附近的阿根廷，从非洲的刚果河，到亚洲的东南亚都有大小不等的英国殖民地。当时英国人沾沾自喜地说："北美和俄国的平原是我们的玉米地，芝加哥和敖德萨是我们的粮仓，加拿大和波罗的海之滨是我们的林区，澳大利亚是我们的牧羊场，阿根廷和北美西部大草原给我们放牧牛群，秘鲁人送来白银，南非和澳洲人送来黄金，印度和中国为我们提供茶叶，东印度群岛给我们提供咖啡、甘蔗和香料。"进入 20 世纪以后，随着美国和德国的崛起，英国的霸权地位受到了严重的挑战。第一次世界大战结束后，英国的殖民地纷纷独立，世界的经济中心也转移到美国。第二次世界大战结束后，英国经济遭受重创，地位进一步下降，沦为二流强国。

3.3.1　英国二战后的工业设计概况

第二次世界大战以后，英国政府对设计十分重视，并大力扶持，英国的各种设计组织及活动得到规范。1944 年工业设计委员会成立，1948 年其下设的设计中心设立了英国最高级别的设计大奖——爱丁堡奖，由女王颁奖。随后政府推出"优良设计"计划，产生了一些优良设计，并促进了企业界对设计的重视。英国前首相撒切尔夫人有句名言："工业设计对于英国来说，在一定程度上甚至比首相的工作更为重要。"英国的设计在 20 世纪 80 年代初期和中期迅猛发展，为英国工业注入了活力，涌现了许多百万富翁，如康兰、彼得斯、费其和"五角星"集团等。英国设计师兼具意大利设计师的浪漫与激情和德国设计师的理性与严谨，并且以其高度的逻辑性，在国际设计界享有盛誉。此外，对消费者愿望的理解和销售系统之间的结合也为其赢得了市场。

在英国战后的家具设计方面，最具代表性的作品莫过于厄内斯特·瑞斯（Ernest Race，

1913～1964 年）在 1950 年设计的羚羊系列椅（见图 3-26）。这套椅只用两种材料——弯曲的钢条及层压胶合板制成，这些简单材料的使用仍缘于国家材料配给的限制。这个"羚羊"家具系列是为 1951 年英国皇家庆典的露天平台会场设计的，因此看上去有明显的园林家具的情调，但又更加精美。在此系列中有个特别的设计细节就是腿足底部均以一种小圆球结束，反映出当时普遍存在的对原子物理和粒子化学的浓厚兴趣。1951 年，英国节日博览会策划部的组织者选中了羚羊椅，并用它们来布置房屋及装饰伦敦的南方银行前的场地。英国节日博览会上展出的建筑被钢和铝所主宰，充分展现了开放和明亮之美，工业设计则以轻金属运用为主导。博览会积极地促进了英国在艺术、工业设计、科学及技术等领域的发展，也使得参观者从第二次世界大战期间他们不得不忍受的实用型家具的严肃氛围中摆脱出来。

图 3-26　瑞斯设计的羚羊椅

3.3.2　英国的汽车设计

　　提到英国，马上能让人联想到"贵族"、"王室"这些词语。英国社会一直存在着明显的等级区分，这主要是由贵族体制强大而持久的影响造成的。在英国历史上，贵族体制从未被彻底否定过。贵族体制及贵族文化对英国社会的影响主要体现在爵位等级与荣耀、爵位称谓的英式英语表达、贵族勋衔、爵位的比喻用法等方面。在英国人的血液里凝集着特有的"贵族情结"，贵族文化已成为英国传统文化的重要组成部分。在 21 世纪的今天，英国依然是世界上少数实行君主立宪制的国家之一。英国著名的汽车品牌 MG、劳斯莱斯（2003 年劳斯莱斯汽车公司归入宝马集团）都是富有、尊贵的身份地位的象征。英国的交通和行车规则也是特立独行，世界大多数国家实行的是左驾右行，而英国则是右驾左行。

　　例如 MG 跑车。MG 是英国的国际知名汽车品牌，是英国人心目中跑车的代表，在它的八角形标志下蕴涵着一个不列颠式的传奇。MG 汽车畅销全世界 80 多个国家，被称为世界汽车品牌中"皇冠上的美钻"，已经成为了一种精神与品位的代表。就如同劳斯莱斯、宾利等高贵品牌一般，拥有这些品牌的汽车无疑就是身份和地位的象征。MG 品牌一直颇受英国政界名流们的喜爱，英国历史上有名的几位首相都是 MG 品牌的青睐者——从哈洛·威尔逊，到反法西斯领袖温斯顿·丘吉尔，以及以强硬著称的"铁娘子"玛格丽特·撒切尔，MG 一直是英国政界首脑的乘车首选。同时，MG 气质高贵典雅、气派十足，呈现了皇族的风范，这也让它一度成为英国皇室和罗马教皇的御用专座。MG 还有其他的殊荣，诸如"世界最快的速度创造者"、"世界上销量最大跑车"、"品质最佳的跑车制造商"等称号，这些令它成为英国汽车工业的最佳注解。作为世界上历史最悠久、影响最大的英伦汽车品牌，MG 不仅树立了大不列颠汽车的形象，甚至改变了美国的汽车运动。

　　MG 之父威廉·莫里斯（William Morris）1977 年生于英国伍斯特，从修自行车开始自己的事业。1910 年莫里斯成为牛津的首位汽车销售商——莫里斯车库（Morris Garages）的老板。通过原始的积累，1913 年莫里斯终于实现了他的雄心壮志——自己研发的第一辆 Morris 轿车在牛津附近的 Cowley 投入生产。1924 年莫里斯与才华横溢的设计师塞西尔·金伯共同缔造了英国汽车历史上的一个经典之作——MG。取 MG 这个名称，塞西尔·金伯坦言是出于对威廉·

莫里斯的敬意。他说："莫里斯是一个善良的人，他一生最大的亮点不是 MG 跑车，而是不遗余力地资助那些贫困的人。"威廉·莫里斯不仅仅是一个汽车工业家，还是一个慈善事业的鼎力支持者，他曾为慈善事业捐赠 3000 万英镑。1928 年，威廉·莫里斯因其对汽车和慈善事业的卓越贡献被授予"诺菲尔德"勋爵称号。

　　当时英国的汽车市场在跑车方面几乎是空白，塞西尔·金伯注意到了这个机会，并以过人的设计天赋，将一个普通的莫里斯·考利底盘与明显属于运动线条的两座的轻便车身相匹配，并取得了成功。1924 年，由金伯设计的车第一次以 MG 的品牌开始销售，为了表明这款新车不只是对莫里斯汽车的改装，金伯设计了八角形的 MG 标志，他认为八角形象征着热情与忠诚。八角形 MG 标志映衬着无数赛车获胜者的音容笑貌，记录了经典赛车的历史篇章，同时也提升了 MG 品牌的声誉和威望。1925 年，金伯设计了一辆更加特别的小车，它使用改进的莫里斯底盘，发动机侧置气门被改为当时还非常少见的顶置气门，并且采用了轻量车身。这辆车赢得了 1925 年复活节 Land's End Trial 赛事的金牌，并以"Old Number One"闻名于世，这也是 MG 真正意义上的第一辆跑车（见图 3-27）。

　　说到尊贵，MGTF（见图 3-28）完全不愧于其家族历史上各系车型的辉煌，并且再次给这种荣誉制造了一个高潮。2002 年，在英国女王伊丽莎白二世登基 50 年庆典之际，第 150 万辆 MGTF 跑车被当作珍贵而华丽的礼物，赠与了女王。最为特别的是，在这辆 MGTF 跑车的座椅上方，有手工绣制的嵌有 2002 字样的金色王冠图案，以及环绕王冠的"THE QUEEN'S GOLDEN JUBILEE"字样，在轮毂位置上英国王冠替代了传统的 MG 八角标。在英国，拥有与皇室相关的标志被看作是一个品牌的巨大光荣，这辆女王专用 MGTF 跑车无疑又为 MG 这个品牌增添了颇多的贵族气息。

图 3-27　塞西尔·金伯和 MG 跑车　　　　　　　图 3-28　MGTF 跑车

　　MGTF 的车身由著名设计师 Peter Stevens 设计，别致的造型轻盈动感，并有多种靓丽的颜色可供选择。同时，由于发动机中置，所以 MGTF 在车身结构上也与一般的跑车有所不同：前舱内是配重用的电瓶和备胎，座椅后方才是发动机。这也在一定程度上使得 MGTF 的储存空间比一般跑车大，足够放下高尔夫、球棒和逛街所购之物等等。MGTF 的顶篷均采用软顶形式，保持了浓厚的英伦跑车味道。另外，MGTF 创造出了一种能体验终极驾驶乐趣的跑车内饰：低置的运动型座椅凸显了跑车的氛围；可调的方向盘保证你有理想的驾驶姿势；合金换挡杆头、泛光照明的银色仪表板、真皮包裹的挡杆、皮质手刹杆都是标准配置。MGTF 内饰的所有细节都体现出 MG 对跑车的深刻理解。2003 年，世界跑车第一生产大国意大利的世界上最美车型评委会将 MGTF 评选为"最漂亮的敞篷跑车"。

2005 年，MG 来到中国，并被赋予"名爵"的中文名，获得了更为丰富的内涵。MG（名爵）为获得成就、修养兼顾、内涵和激情并存的中国新时代精英，打造彰显他们个性与品位、体现他们价值与精神的汽车生活品牌。"让心跳加速"是 MG（名爵）的品牌定位语，它源自于 MG 的品牌核心"get in and raise your heartbeat"，这始终是 MG 一直以来带给消费者的直观感受，也是产品开发的最大特点和努力方向，同时也体现了品牌和消费者之间共同拥有的精神特质。

3.4　日本的工业设计

日本大和民族对很多人来说一直是一个令人惊奇的民族。在 1868 年明治维新之前，日本与大多数亚洲国家一样，封闭、传统、落后。明治维新期间，日本通过汲取世界各国的先进思想和科技，"脱亚入欧"，实现了第一次崛起。到 1905 年，它击败了俄国，成为进入世界强国之列的第一个亚洲国家。但是，日本传统的武士道精神、岛国的天然危机感和欧洲文化中的侵略性，最终混合成军国主义，使日本走向了军事扩张之路，且在第二次世界大战中以失败和废墟收场。日本是第二次世界大战中唯一受到原子弹轰炸的国家，战败的日本满目疮痍，很多人都认为它将从此一蹶不振。但出乎意料的是，经过了短短 20 多年的发展，到 1970 年它就成为了世界第二大经济强国，并被视作下一个超级大国。

3.4.1　日本二战后的工业设计概况

1952 年，日本工业设计师协会成立，并发起了"生活改善运动"。这时工业设计的概念在人们心中还没有成型，企业内没有专门的部门进行策划，没有专业的工业设计师进行设计，工业设计都是由艺术家兼职的。20 世纪 50 年代，日本举办了第一届汽车展，工业设计开始引起人们的注意。虽然此时工业设计的工作还只是停留在简单的掩饰性外观设计上，但由于政府的重视，立法限制对国外产品的设计盗用，日本的工业设计已比以前前进了一大步。这期间日本政府发表了战后第一本《经济白皮书》，提出了"现代生活"的概念。1957 年，日本创设了 G 标志制度，设立了日本设计最高奖——Gmark 奖，这标志着以开发独创性商品为主要课题的时代开始了。这一制度对提高日本商品的国际竞争力作出了持久而有效的贡献。

20 世纪 50 年代，日本的一些大型企业开始将工业设计作为开拓市场，促进经济发展的重要因素。松下电器公司首先设立了工业设计部，同时还出现了一些工业设计研究所，如柳宗理的 GK 工业设计研究所。在 1955 年前后，日本掀起了学习工业设计的热潮。到 1958 年，日本的黑白电视机的产量已达到 100 万台，电视机、电冰箱和洗衣机成了日本人生活中的三大件。日本工业产品的规格逐渐向国际标准靠拢，形成了产品的均质化（对产品统一质量要求）和标准化。企业内部开始建立设计的专门部门和程序，使工业设计师参与到产品的最初开发中去。企业内设计师的任务和地位逐步确立，他们的视野也通过和国际的大量交流而开阔起来。而对于设计质量的评定，企业主要是从操作的方便性、材料的耐久性和精度三方面来考虑，其中产品的功能摆在最重要的位置。

20 世纪 60 年代，日本经济进入了飞速发展的时代，人们的消费欲旺盛，开始追求生活的便利化，换气扇、洗衣机、空调和吸尘器成了新的"四大件"。由于技术的改进，电器的设计走向了"轻、薄、短、小"，对多功能复合型的产品，如收录音机等，企业进行了大量的开发。人们对产品的要求出现了多样化、个性化的趋势，产品的品种繁多，不仅物理功能多样，心理功能也更多样。每种产品的产量没有以前那么多了，而是以小批量适应不同人群的需要，"BI-COLOGY"生态科学的概念在设计中被提了出来。1973 年，ICSID（国际工业设计师协会）在京都召开会议，标志着日本设计的地位开始得到国际承认。70 年代中期的世界性石油危机对日本造成了相当大的影响，把日本人本来就很强烈的危机意识进一步激发出来，日本的设计也自然走向了节约资源和能源的方向，讲究产品的合理性和实用性。日本设计界提出了这样的口号——"SMALL IS BEAUTIFUL"（小即是美）。SONY 的随身听就在此时应运而生，并畅销全世界。日本的汽车产量在 20 世纪 70 年代后期达到了 1100 万台，使日本成为世界汽车产量第一的国家。商品的充足和其物理机能的完善使产品设计的重点放在了产品的心理机能上。

进入 20 世纪 80 年代，日本的科技水平日益提高，企业开始朝知识密集型和网络经营型发展。这时设计上的"符号学"十分盛行，日本进入了所谓"后工业化社会"，提出"商品的价值＝情报的价值"。1989 年，世界设计会议和设计博览会在名古屋召开，这进一步开阔了日本设计师的视野。90 年代后，日本的泡沫经济崩溃，企业大量裁员，商品价格大幅下跌。1993年，日本通产省发表了《时代的变化对设计政策的影响》一文，表明了政府在这个非常时期对设计的重视。此外，日本社会还形成了两大新的特点——高度信息化和高龄化，这都对设计产生了深刻的影响。这时，计算机应用（CAD）在日本设计界开始普及，"无障碍设计"、"绿色设计"、"通用设计"等国际上流行的概念相继在日本得到推广运用，日本设计师确立了将日本建设成"循环型社会"的目标。

3.4.2　日本工业设计的特征及设计公司

较之欧美国家在信息技术方面所取得的巨大成就，日本缺乏对基础理论的研究，因此在一些基本技术如 CPU 芯片、系统软件开发、网络技术等方面尚有一定差距，但在电子产品特别是大众电子消费品领域如数码相机、彩色打印机、液晶显示器等方面取得了瞩目的成功。日本电子产品的主要优势是，优美的外观造型、细致的局部考虑、精心的内部设计和相对低廉的市场价格。

日本人善于在尽可能小的空间，用尽可能少的资源去做尽可能多的事情。生活空间的狭小，令他们钟情于"轻、薄、小、巧"的器物。日本的设计大都简洁，善于用细节打动人，花哨和奢华的设计比较少。

国内与国际市场不同的两种设计体制在日本是双轨并行的。一种是民族的、传统的、温煦的、历史的；另一种则是现代的、发展的、国际的。特别是第二次世界大战以后的日本现代设计——日本的现代设计是完全基于国外，特别是学习欧美的经验而发展形成的。利用进口的技术，是日本现代设计发展的一个非常重要的中心和目的。因此，日本的现代设计是为日本人民的现代生活方式和日本的出口贸易服务的。这两种风格并存的原因，存在于日本文化的双重性之中，这种双重性是指日本文化中东西方文化并存的特征，日本文化中的华贵装饰与单纯、简朴并存的特征。

例如索尼公司。日本索尼公司是世界上民用和专业视听产品、游戏产品、通讯产品以及信息技术等领域的先导之一。它在音乐、影视、计算机娱乐以及在线业务方面的成就也使其成为全球领先的个人宽带娱乐公司。在美国《大众科学》1999 年评出的全球最佳科技成果 100 项中，索尼公司占了 5 项，是入选最多的公司。这体现了索尼公司将先进技术转化为消费品的超凡能力。

索尼公司是战后日本经济高速增长和走向国际化的"象征"。1946 年，盛田昭夫和井深共同创建了 TTK 公司。1958 年，公司取名为索尼（SONY），这出自两个考虑，一个是英语的"sonic"（音响），另外一个是英语的"sonny"（乖孩子）。索尼（SONY）利用这两个字眼的谐音组合而成，四个字母，两个开音节，全世界基本读音一样，因此具有非常容易记忆，便于联想的功能。这对促进索尼产品销售，建立积极企业形象起到了非常重要的作用。索尼公司的宗旨为"公司绝不搞抄袭伪造产品，必须选择其他公司近期或长时间不易搞成的产品。"

在盛田昭夫的主导下，索尼在 1979 年 7 月，推出了 Walkman（随身听）（见图 3-29）。盛田昭夫将 Walkman 定位在青少年市场，且强调年轻活力与时尚，并创造了耳机文化。1980 年 2 月，Walkman 开始在全世界销售，并在 1980 年 11 月开始全球统一以"Walkman"这个不标准的日式英文为品牌。到 1998 年为止，"Walkman"已经在全球销售突破 2 亿 5000 万台；索尼的随身听是一种现代高科技与个人化结合，并与巨大的潜在市场和商业利润联系在一起的产物。

图 3-29 索尼 Walkman

索尼 Cyber-shot T 系列自诞生之日起就成为了时尚数码的代名词。自 2004 年索尼发布首款 Cyber-shot T1 开始，索尼 Cyber-shot T 系列就凭借标志性的卡片式机身、潜望式镜头、滑盖式电源、金属拉丝工艺风靡全球。不但从此打开了索尼极为成功的 T 系列产品线，更一举将索尼推向了超薄数码相机领域的前锋地位。索尼 Cyber-shot T1 的外观尺寸为 91×60×21 毫米，体积大小与普通的掌上电脑类似，其中尤其值得一提的是它的厚度，机身最薄处只有 17.3 毫米，非常便于随身携带（见图 3-30）。索尼 DSC-T1 超薄数码相机延续了索尼产品一贯所具有的"精致、时尚、高端"的风格，真正实现了超薄时尚外观与强大独特功能的完美结合。从公布的数据来看，索尼 DSC-T1 是目前市场上 500 万像素数码相机领域中最纤细、小巧的数码相机之一。

图 3-30 索尼 Cyber-shot T1 数码相机

3.4.3 日本的汽车设计

日本是汽车业的"后起之秀"，当历史进入 20 世纪时，日本才出现第一部汽车，几年后日本人才开始研制汽车。二战刚结束不久，日本的汽车工业主要集中在卡车的小规模生产上。20 世纪 50 年代，日本的汽车工业进入起步阶段。1955 年，日本制定了大众车计划，1961 年制定了分期付款销售法。在 60 年代的日本经济高速增长期，汽车化也得到了快速的发展。1960 年，日本国内只有 40 万辆汽车的销售量。到 1963 年销售量就达到了 100 万辆，1966 年扩大到了 200 万辆。汽车化刚开始时，汽车的主要需求来自企业，汽车产品主要是卡车，轿车则常常是豪华轿车或出租车。只有在 60 年代后期，日产汽车"阳光"、丰田汽车"花冠"闪亮登场后，日本国内才掀起了一场购买私家车的高潮。

20 世纪 70 年代以后，接连发生的世界经济滞胀和两次石油危机，使汽车耗油量成为汽车设计的强硬指标。耗油少的日本车在亚洲走俏，丰田、本田、三菱以及日产等高技术小型车入侵欧美市场，改写了欧美牌子汽车垄断的局面。但作为一个原材料进口国，日本国内的成本也随危机的发展而增长。在这种情况下，日本的汽车产业采取了积极的措施：用引进 CNC 机床和工业机器人等方法，来适应多品种小批量的生产；用建立公司内部建议体制来降低成本、改善质量；用改进引擎、降低油耗、合理设计车身等方法来节能；用采取对策的方法来符合汽车排放新标准。这些措施使日本汽车在国际上的竞争能力大大提高。

20 世纪 80 年代是日本汽车工业的黄金时代，1983 年，日本超过美国成为世界最大的汽车生产国，日本终于成为继美国和欧洲之后世界第三个汽车工业发展中心。日本车在世界市场的占有率不断扩大，以"丰田生产方式"为代表的日本生产模式已引起了欧美的关注。目前丰田、本田、日产公司的日系车占据全球汽车市场的最大份额。日本汽车工业的快速崛起和成功来自于日本政府的扶持和日本民族团结奋进的原动力，以及在汽车设计和制造方面的几大优势：精益生产、技术创新和本地化设计。

A　丰田公司与精益生产

1937 年对日本制造业来说，发生了一件具有重大意义的事情，那就是丰田汽车公司正式成立。20 世纪 50 年代初，日本的汽车工业逐渐形成了完整的体系，但最初产业的规模弱小，尤其是生产线和生产流程很落后。1950 年，丰田英二、斋藤尚一等丰田领导人相继前往美国，参观位于底特律郊外的福特 Rouge 工厂，学习其先进的生产线。在此基础上，丰田制定了1951～1955 年的"生产设备现代化五年计划"，重点是更新陈旧设备，引进输送带，通过自动化手段提高生产效率。1957 年，大福为丰田开发出第一套车身流水线。这套自动系统改善了作业流程，大大提高了工作效率。虽然最初丰田的流动作业装配模式、传送带生产线、自动线搬运等全部学自福特，但由于日本汽车企业是多品种小批量的生产模式，而福特是少品种大批量的生产模式，所以大福为丰田提供的生产线从一开始就考虑到了生产体系的弹性问题，这也使得丰田生产模式超越了福特生产模式，并创造出了自己独特的"丰田精益生产模式"。

精益生产的概念来源于丰田生产方式（Toyota Production System，简称 TPS），即多品种小批量方式生产。它要求输送线的设计必须满足所谓柔性生产即按订单在一条生产线上混合生产不同车型汽车零部件的输送要求。经过长期跟踪汽车制造商的生产线发展和与客户的紧密合作，20 世纪 80 年代大福开发出先进的悬挂式搬运系统 Ramrun（自动化制造模式）。到 2000 年，大福又研究出更具柔性特点的 Friction 搬运系统 FDS（混合制造模式）。该系统不论是搬运、涂装还是装配等环节，都适应汽车制造商对混合生产的更高要求。

丰田生产方式萌芽于 20 世纪 50 年代，当时日本经济还未从战争的废墟中完全复苏，丰田公司正面临着破产的危机。这时丰田公司创始人丰田喜一郎，在吸收了美国福特生产方式经验的基础上提出了"准时制"的思想。在大野耐一等人的推广下，经过 20 年的改造、创新和发展，丰田生产方式逐渐成熟。在此过程中，丰田生产方式有机结合了美国的工业工程（Industrial Engineering，简称 IE）和现代管理理念。1990 年，麻省理工学院詹姆斯 P. 沃麦克教授等人撰写了《精益生产方式——改变世界的机器》一书，对日本企业取得的成功经验进行总结，提出了精益生产（Lean Production）的概念。1996 年詹姆斯 P. 沃麦克与丹尼尔 T. 琼斯合著了《精益思想》（Lean Thinking）一书，该书总结了由大量生产过渡到精益生产所要遵循的原则，进一步阐述了精益生产的思想内涵：树立与浪费针锋相对的精益思想；精确地定义价值；识别价值流并制定价值流图；让没有浪费环节的价值流真正流动起来；让用户拉动价值流；追求尽善尽美。

例如丰田 COROLLA。COROLLA 花冠是日本丰田汽车公司主要的家用轿车产品，是畅销全

球的明星车型。1966 年，面对高速成长的日本大众汽车市场，TOYOTA 推出了名为 COROLLA
花冠（取意"花中之冠"）的新型 1100cc 双门轿车（见图 3-31）。这款车以 TOYOTA "让所有
人都能拥有汽车"这一创业初衷作为理念基础，汇集了 TOYOTA 的技术精华，是当时具有最
高性能水平和商品吸引力的划时代"紧凑型轿车"。1972 年 3 月，第二代花冠 LEVIN（意为
"闪电"）的性能已达到了当时的世界最高水平，曾在尼日利亚的野外拉力赛、美国 POR 拉力
赛以及日本国内的 JMS 冠军系列拉力赛第 7 赛事等高水平赛事中取得辉煌的战绩。2008 年 10
月 10 日，丰田在日本本土推出第十代花冠（见图 3-32）。至此，COROLLA 共在全球 140 多个
国家创下了累计销售逾越 3000 万辆的销售记录，并持续在全球受到消费者青睐，持续引领了
日本的汽车热潮，并随着现代汽车社会的发展而不断改进。今天该车已经成为了日本销量最好
的车型，不愧为全球车型的代表。

图 3-31　丰田第一代花冠（1966）

图 3-32　丰田第十代花冠（2008）

B　日本汽车品牌与本地化设计

日本汽车业共有九大汽车公司，分别为丰田（TOYOTA）、本田（HONDA）、日产（NIS-
SAN）、三菱（MITSUBISHI）、马自达（MAZDA）、大发（DAIHATSU）、铃木（SUZUKI）、五
十铃（ISUZU）、富士重工（SUBARU），阵容豪华强大。日本汽车产业的壮大很大程度上得益
于出口和本地化设计策略。与欧洲车厂和美国车厂最大的不同是，日本车厂没有足够大的国内
市场来支撑它们的发展和分摊庞大的平台研发成本。为了生存和发展，它们必须立足全球市
场，而且重心要绝对放在海外市场。为了实现这一点，日本车厂不得不和美国车厂去抢美国市
场，和欧洲车厂去抢欧洲市场，而要做的第一点就是实现产品尽可能的本地化，忘掉自己的本
土车型，尽可能做到比美国车还美国，比欧洲车还欧洲。丰田在欧洲市场上有一款卖得很不错
的紧凑型 MPV 叫做 VERSO（见图 3-33），
它的直接对手是福特的 C-MAX 和雷诺小风
景。VERSO 全身上下充满了典型的欧陆设
计语言，但在北美和亚洲并没有销售，从车
身的线条上甚至能看出一些欧宝赛飞利的
影子。

但是，仅仅这样是不够的，要想取得更
大的市场份额，除了拷贝当地车型外，还要
有高于它们的地方。日本车厂的策略，很像
英国汇丰银行的一句著名广告词"Global
brand, local branch"，那就是除了品牌是全
球的以后，在其他的所有顾客可以看到和感

图 3-33　丰田 VERSO

受到的地方，还要尽一切可能成为一个当地的车厂。可以说，日本车厂是完全的市场导向，当地市场需要什么，就生产什么，而且技术为市场服务，并服从于市场。

要实现彻底的本地化，最重要的就是要做到本地化设计。日本三大车厂丰田、日产和本田在北美和欧洲都有大型的研发中心，设计师都以本地人为主，日方人员数量较少。以这样的方式，可以最大限度地设计出迎合当地消费者的车型。日本车厂的海外研发人员数量远大于本土的研发人员数量，从这点上可以看出它们的策略与欧洲车厂不同。欧洲车厂以技术为导向，坚持将研发的核心放在欧洲，从欧洲辐射全球，而海外市场即便有一些研发人员，也不允许做深层次的研发。

3.5　斯堪的纳维亚国家的工业设计

斯堪的纳维亚半岛位于欧洲西北角，是欧洲最大的半岛，也是世界第五大半岛。斯堪的纳维亚国家包括芬兰、挪威、瑞典、冰岛和丹麦，其中丹麦、芬兰和瑞典的设计影响较为广泛。早在1900年巴黎国际博览会上，斯堪的纳维亚设计就引起了人们的注意，这也标志着斯堪的纳维亚设计从地方性的隔离状态激烈地转变到面对国际性竞争的状态。从20世纪20年代初开始，设计师和厂家就在积极为1925年的巴黎国际博览会做准备。在这次博览会中，瑞典玻璃制品取得了很大成功，获得了多块金牌，并打进了美国市场。但最值得一提的是丹麦的工业设计，由汉宁森设计的照明灯具在博览会上获得好评，被认为是该届博览会上唯一堪与柯布西埃的"新精神馆"相媲美的优秀作品，并获得了金牌。两次世界大战之间，斯堪的纳维亚国家在设计领域崛起，并取得了令世人瞩目的成就，形成了影响十分广泛的斯堪的纳维亚风格，确立了其在现代设计史上的地位。

斯堪的纳维亚风格与艺术装饰风格、流线型风格等追求时髦和商业价值的形式主义不同，它不是一种流行的时尚，而是以特定文化背景为基础的设计态度的一贯体现。斯堪的纳维亚国家的具体条件不尽相同，因而在设计上也有所差异，形成了"瑞典现代风格"、"丹麦现代风格"等流派。但总体来说，斯堪的纳维亚国家的设计风格有着强烈的共性，体现了斯堪的纳维亚国家多样化的文化、政治、语言、传统的融合，对于形式和装饰的克制，对于传统的尊重，以及在形式与功能上的一致和对于自然材料的欣赏等。斯堪的纳维亚风格是一种现代风格，它将现代主义设计思想与传统的设计文化相结合，既注意产品的实用功能，又强调设计中的人文因素，并避免过于刻板和严酷的几何形式，从而产生了一种富于"人情味"的现代美学，因而受到人们的普遍欢迎。

特别是斯堪的纳维亚的家具设计对世界的家具体系产生了很大影响，美国的有机设计主义风格就是受到这种风格的影响而形成的。斯堪的纳维亚的家具设计注重技术与艺术的结合、传统与现代的结合，并且关注使用者的心理感受，注重细节与整体设计，将严谨的功能主义与本土手工工艺传统中的人文主义融会在一起，充分体现了"以人为本"的设计原则。斯堪的纳维亚的家具设计理念贴近自然，设计以儿童为中心，充满阳光和清新感。家具多采用简洁的线条和圆角的设计，倡导舒适随意的生活方式。斯堪的纳维亚风格中，功能永远是第一位的，那些华而不实的东西绝对不在其设计范围之内。

3.5.1　丹麦的工业设计

丹麦是北欧斯堪的纳维亚半岛上的一个小国，国土面积43000平方公里，人口500余万。但在国际设计界，丹麦却是一个很有影响的国家，因在城市规划与设计、建筑设计、室内设计及相关的家具、灯具等设计领域独树一帜，创造了一种简洁、温馨、自然而富于人情味的人居环境而为世人称道。

A 丹麦著名工业设计师

丹麦较著名的工业设计师有汉宁森、雅各布森、维纳和潘顿等。

a 汉宁森（Poul Henningsen，1894～1967年）

汉宁森被誉为丹麦最杰出的灯具设计师和照明设计理论家，代表作有根据他的名字命名的PH系列灯具（见图3-34）。该系列灯具不仅具有极高的美学价值，而且因为它的设计来自于照明的科学原理，而没有任何附加的装饰，因而使用效果非常好，体现了斯堪的纳维亚工业设计的鲜明特色。

图3-34 汉宁森设计的PH系列灯具

b 雅各布森（Arne Jacobsen，1902～1971年）

雅各布森生于丹麦首都哥本哈根，是20世纪最具影响力的北欧建筑师和工业设计大师，是丹麦国宝级设计大师，被誉为"北欧的现代主义之父"，是"丹麦功能主义"的倡导人。他不只是20世纪最伟大的建筑师之一，同时在家具、灯饰、衣料以及各式各样的应用艺术上皆有深切琢磨与成就，并且是享誉国际的传奇人物。他的杰出建筑设计作品有1960～1963年设计的牛津大学凯瑟琳学院、1956～1961年设计的哥本哈根斯堪的纳维亚航空公司旅馆等。他将自身对建筑的独特见解延伸至家饰品，并为一手绘制的建筑结构装点添色，因而催生出蛋椅（Egg Chair）、蚂蚁椅（Ant Chair）和天鹅椅（Swan Chair）等旷世之作（见图3-35）。雅各布森将自由流畅的雕刻式塑型和北欧斯堪的纳维亚设计的传统特质加以结合，使作品兼具质感非凡与结构完整的特色。蛋椅是雅各布森1958年为哥本哈根皇家饭店（Royal Hotel）的接待大厅设计的。这一有机造型椅俨然已成丹麦家具设计的同义词传遍世界。因为造型独特，蛋椅在

图3-35 雅各布森设计的蛋椅、蚂蚁椅和天鹅椅

公共场合还保有相当私密的空间，使用时是否搭配脚凳由使用者选择，适用于家庭、休憩场所或等候室等地方。

c　维纳（Hans Wegner，1914~　 ）

维纳是丹麦战后最重要的设计师之一，设计了超过 500 条椅子，被称为"椅子大师"。维纳早年潜心研究传统的中国家具，他从 1945 年起设计的系列"中国椅"（见图 3-36）便吸收了中国明代椅的一些重要特征，东方的启示在他个人风格的设计中显而易见。

图 3-36　维纳设计的"中国椅"系列

1947 年，维纳设计了"孔雀椅"（见图 3-37），并且该椅被放置在联合国大厦。孔雀椅（Peacock）的名字是设计师 Finn Juhl 给的，他第一眼看到就叫出了这个名字，然后一直延续至今。孔雀椅起源于温莎椅（Windsor Chair），温莎椅 17 世纪出现在英国，1726 年由宾夕法尼亚的州长 Patrick Gordon 介绍进入美国，是一种细骨靠背椅，18 世纪流行于英美。说到胶合板家具，除了 Eames 夫妇的小凳，最著名的就是维纳设计的这个三角贝壳椅（Three-Legged Shell Chair），通常叫 Shell Chair，它也是维纳的经典代表作之一（见图 3-38）。

图 3-37　维纳设计的孔雀椅　　　　　　　　图 3-38　维纳设计的贝壳椅

d　潘顿（Verner Panton，1926~1998 年）

潘顿是丹麦著名工业设计师、色彩大师，创造了平行色彩理论，即通过几何图案，将色谱中相互靠近的颜色融为一体，为创造性地利用新材料丰富的色彩打下了基础。他打破北欧传统工艺的束缚，运用鲜艳的色彩和崭新的素材，开发出了充满想象力的家具和灯饰。

1959 年，潘顿设计的 Panton 椅（见图 3-39）以优美、典雅的形态，自由流畅的曲线著称。该椅在 1967 年量产，颜色鲜艳，分为黑、红、白、蓝、黄五款，这就是闻名世界的"潘顿儿童椅"。该椅材料采用强化玻璃纤维聚酯，浇铸工艺极为繁琐，同时它也是世界上第一把采用单一材料一次性成型的家具，设计界由"潘顿儿童椅"开创了一个时代，也颠覆了现代主义的一贯看法。同年潘顿还设计了著名的"心椅"（见图3-40）。心椅在当时被认为是颠覆传统，开几何形椅子的先河，它的椅背和椅身呈一个线条锋利的心形，下面是个矮矮的金属椅脚，整体结构坚固。

图3-39 潘顿设计的 Panton 椅

图3-40 潘顿设计的心椅

B 丹麦 B&O 公司与硬边艺术

在国际设计界，Bang&Olufsen（简称 B&O）是一个非常响亮的名字。在每年的国际设计年鉴和其他设计刊物上，在世界各地的设计博物馆和设计展览中，B&O 公司的设计都以其新颖、独特而受到人们的关注。B&O 是丹麦家用音像及通讯设备公司，20 世纪 60 年代以来工业设计的佼佼者，今天 B&O 公司成了丹麦在生产家用视听设备方面唯一仅存的公司，也是日本以外少数国际性同类公司之一，B&O 的设计成了丹麦设计的经典和象征。B&O 的产品成为丹麦、英国等国家的皇室指定产品也决非偶然，它不同于别的企业之处，在于它是唯一系统解决设计问题的公司。

出于多方面的考虑，B&O 公司并没有自己的专业设计部门，而是通过精心的设计管理来使用自由设计师，建立公司自己的设计特色。尽管公司的产品种类繁多，并且出自不同设计师之手，但都有 B&O 的风格，这就是公司设计管理的成功之处。B&O 与其他视听产品最大的不同在于，它是先发展出设计的概念，然后再从科技面寻求解决的途径，与一般产品先开发科技再谈设计的发展概念刚好相反。B&O 没有专属设计师，所有设计师皆是外聘，且自由从事各种领域的设计。只有这样，B&O 才能维持设计思维的活力与创新。

20 世纪 60 年代以后 B&O 的设计趋于"硬边艺术"风格，即采用拉毛不锈钢和塑料等工业材料制作机身，产品造型十分简洁高雅。B&O 产品朴素而严谨的外观设计便于进入国外市场，因为国际市场往往是五光十色的，这种一贯简洁的设计反而能引人注目，并容易与居家环境协调。著名的 BeoSound 2（见图3-41）采用飞碟式设计，外壳用不锈钢材料打造，机身设计简单美观。此外，BeoSound 2 没有显示屏幕只有一群按键，按键呈圆形的菊花状分布，并且有高低之分。这种结构使得没有屏幕的 BeoSound 2 可以被随心所欲地操作。黑色圆形底座利用磁力把 BeoSound 2 的钢质机身固定在底座上面，这一设计可以说是空前绝后的。而且整台机子黑白平衡，给人以高雅的贵族气势。在功能方面，BeoSound 2 也极其简单，只支持 MP3、WMA 格式的音频播放。在配置方面，机身配备了 SC/MMC 扩展插槽，同时配送了大名鼎鼎的 B&O A8 耳机。

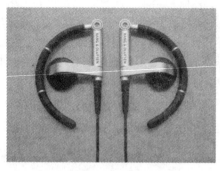 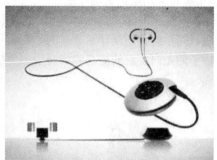

图 3-41　B&O BeoSound 2 和所配的 A8 耳塞

Beolab 9 在外观设计方面延续了 B&O 公司一向的高水准，主音箱立于中央，像是指挥家的指挥台，而两只圆锥状灯塔造型的落地音箱分立两侧，像是指挥台的两位守护者（见图 3-42）。这两只音箱顶部的扬声器采用了声透镜定位技术，它能够把天花板和地面所产生的回声降到最低，让听音者无论走在房间的任何地方都能够一直受到无差别的音乐效果。另外这款 B&O Beolab 9 音响还具备 ABL（Adaptive Bass Linearization）技术，能够自动根据空间环境的不同调整低音。除此之外，B&O 独有的 ICEPower 技术提供了可靠的供电和数字处理功能，它通过一块小巧玲珑的 ICEPower 模块即可实现电源、音频的放大和转换。

图 3-42　B&O 公司的 Beolab 9 音箱系统

这款 B&O Beolab 9 音响具备四种可选颜色，分别是红、蓝、深灰和黑色。据悉它的参考价格为 1332 万韩元，折合人民币约为 11 万元，堪称奢侈品。

3.5.2　芬兰的工业设计

从森林机械到高科技产品，工业设计在芬兰有着十分广阔的领域。芬兰工业设计的主要目的是为了提高产品的竞争能力。国际市场的迅速变化以及新技术、新产品的竞相推出，促使芬兰的公司企业越来越重视设计师的作用。正如诺基亚公司所表明的那样，"设计是成功的关键。"在现代工业设计中，芬兰十分重视将人机工程学原理运用到产品设计之中。在"人—机—环境"系统中，人的因素是最主要的，也就是说，设计不仅要考虑到人的生理和心理的因素，使人在操作时省力、简便又准确，同时也要注重使人的工作环境安全舒适，以提高工作效率。注重品牌和设计质量是芬兰企业成功的重要因素之一。在电信业出现之前，芬兰的森林工业推动芬兰经济的繁荣。维美德公司（Valmet）不断制造出速度越来越快的造纸机，奠定了芬兰造纸设备在世界上的领先地位；芬兰设计的林业机械除操作灵活外，还十分注重保护环境；芬兰伐木机械公司（Timberjack）制造的有利于环保的行走采伐机在 1996 年获得欧洲设计奖。长期以来，船舶制造也一直是芬兰专门技术的强项，世界约一半的破冰船来自芬兰。除特种船舶外，芬兰还设计制造了多艘豪华游轮。芬兰生产的医疗器械在世界上也处于领先地位。菲梅特公司（Fimet）生产的牙科综合治疗台在 1990 年获得芬兰首次颁发的设计奖。自 1990 年以来，芬兰每两年在全国举行一次以工业产品设计为主的设计竞赛，并为代表芬兰最佳工业产品和日用品设计的作品颁奖。此外拥有 200 多名专业会员的芬兰工业设计师协会每年向取得突出成就的会员颁发年度工业设计师奖，促进了芬兰工业产品的不断创新。

A　诺基亚（Nokia）

芬兰在通讯领域的成功设计是众所周知的，其中诺基亚更在移动通讯技术领域处于世界领先地位，是世界手机市场第一大制造商。对消费者来说，诺基亚公司设计及制造的手机以典雅、独特、纤巧时尚的造型广受赞誉，成为现代工业设计的典范（见图3-43、图3-44）。"以人为本"的理念渗透在诺基亚的产品设计之中。根据用户的需求，去设计生产自己的产品，是诺基亚公司"人性化"产品设计的主导思想。另外，面对市场多元化的特点，诺基亚采取的对策是产品的多元化，而且诺基亚还认识到不断创新小配件能丰富消费者对产品的选择。此外，诺基亚产品更新换代的频率也越来越快，使诺基亚一直领导着整个行业的潮流。

图3-43　诺基亚7610

图3-44　诺基亚5800XM触摸机

B　芬兰著名工业设计师

阿尔托（Alvar Aalto，1898～1976年）是芬兰著名工业设计师、建筑师。他的创作范围广泛，从区域规划、城市规划到市政中心设计，从民用建筑设计到工业建筑设计，从室内装修到家具和灯具以及日用工艺品的设计，无所不包。简洁、实用是芬兰人设计的特点，构思奇巧是芬兰人设计的精髓。芬兰人特别擅长利用自然资源达到设计目的。阿尔托在20世纪30年代创立了"可弯曲木材"技术，将桦树巧妙地模压成流畅的曲线，开辟了家具设计的新道路。阿尔托善于利用薄而坚硬、热弯成型的胶合板来生产轻巧、舒适、紧凑的现代家具，家具既优美又毫不牺牲舒适性。阿尔托简洁实用的设计既满足了现代化生产的要求又延续了传统手工艺精致的特点，使他的作品成为国际上驰名的芬兰产品（见图3-45）。

在玻璃制品上，阿尔托采用有机的形态造型，使作品具有一种温馨、人文的情调。1936年，他为负责室内装修设计的赫尔辛基甘蓝叶Savoy餐厅设计了一款花瓶（见图3-46）作为装

图3-45　阿尔托设计的扶手椅（1928）

图3-46　阿尔托设计的花瓶

饰品,该花瓶不仅在1937年巴黎国际博览会上展现了芬兰现代设计的水平,还成为世界众多博物馆的珍藏品,并在1988年获得国际桌上用品奖。该花瓶设计趣味来自随意而有机的波浪曲线轮廓,完全打破了传统的对称玻璃器皿的设计标准。据说这个花瓶的设计灵感来自于芬兰蜿蜒曲折的海岸线。这个花瓶的线条也被认为是"每一根都在与人接触"。这是天才的设计大师阿尔托除了建筑之外,为玻璃器皿制造业留下的经典杰作。

3.5.3 瑞典的工业设计

瑞典是北欧国家最具设计力的国家之一,国际著名品牌伊莱克斯家电、IKEA家具等风靡世界是最好的例子,这些品牌的创建都离不开瑞典设计的作用。也难怪瑞典首相和工业贸易部长都不约而同地指出,"设计是瑞典工业最重要的竞争力。"这句话很好地说明了设计对一个国家的重要性。瑞典国家设计奖、瑞典杰出设计奖是瑞典的著名奖项,涵盖了设计的各个方面,具有广泛的影响力。在瑞典,"工业设计师"这个职业在二战结束后开始普及,瑞典汽车工业和精密仪器工业也正是在这一时期奠定了基础。瑞典还是世界无障碍设计的发源地,玻璃陶瓷艺术品的盛产地之一。在瑞典似乎人人都为设计而生,甚至瑞典王子就是工业设计的先锋。

A 瑞典的汽车设计

瑞典的汽车业居世界领先地位,是瑞典的重要产业,也是瑞典最大的出口部门,因此,瑞典政府大力发展汽车产业,促进汽车出口。瑞典汽车业的三大世界品牌是沃尔沃、萨伯和斯堪尼亚。瑞典汽车业发展的特点是企业、学术界和社会紧密合作,共创辉煌;约有50%的企业拥有50人以上和大学、研究机构合作;查尔默斯理工大学是首家与美国通用汽车签订协议的大学。瑞典的汽车技术在五大方面突出:安全、远程信息处理、环保、冬季测试中心、设计与工程。

沃尔沃公司(VOLVO,又译为富豪)成立于1927年,总部设在瑞典哥德堡市,是北欧最大的工业集团之一。主要生产重型卡车、大型客车、建筑设备、工业与船用发电机、航空发动机和提供金融服务。沃尔沃公司生产的每款沃尔沃轿车,都处处体现北欧人那高贵的品质。"沃尔沃"典雅端庄的传统风格与现代流线型造型糅合在一起,创造出一种独特的时髦(见图3-47)。卓越的性能、独特的设计、安全舒适的沃尔沃轿车,为车主提供了一个充满温馨的可以移动的家。

图3-47 Volvo YCC 概念车(2005)

B 瑞典的家具设计

马姆斯登(Carl Malmsten)和马特逊(Bruno Mathsson)是瑞典现代设计师的代表人物。他们在20世纪30年代为创立斯堪的纳维亚设计的哲学基础做出了很大的贡献,并对第二次世界大战后设计的发展产生了重要影响。他们的家具设计思想建立了瑞典居家环境轻巧而富于人情味的格调，为家庭成员度过漫长而寒冷的冬季提供了重要的心理依托。马特逊喜欢用压弯成型的层积木来生产曲线型的家具（图3-48），这种家具轻巧而富于弹性，提高了家具的舒适性，同时又便于批量生产。对于舒适性的追求也影响到了材料的选择，纤维织条和藤、竹之类自然而柔软的材料被广泛采用。

图3-48　马特逊设计的
扶手椅（1936）

3.6 中国的工业设计

3.6.1 中国内地的工业设计

"以夷制夷"的洋务运动以来，我国的工业生产逐渐起步，有了一些自己的民族工业。1949年新中国成立，并开始建立自己的工业体系。但直到20世纪80年代，总的来说我国的工业发展缓慢，还谈不上以工业技术为基础的工业设计。因此，我国的工业水平相对不发达，工业设计水平的落后是一个缩影。

20世纪70年代后期到80年代前期，我国早期的一些工业设计师开始接触到西方的设计思想，引发了中国工业设计思想的萌芽。1978年，成立了"中国工业美术协会"，掀起了一个工业美术的新潮，同时一些设计师和大学教师被派赴德国、日本进修学习工业设计，带回了崭新的现代工业设计理论，并开始培养我国自己的工业设计人才。1987年，在北京正式成立了"中国工业设计协会"。1982年，经教育部批准，在湖南大学和无锡轻工学院开办了工业造型设计专业，后更名为工业设计专业。

近几年，随着我国加入世界贸易组织，并且开放程度越来越高，包括IT产品在内的产品市场一片繁荣，国内的工业设计产业成了一个国际交流的舞台。北京举办过西方工业设计研讨会和多次优秀工业设计竞赛，上海举办过上海国际艺术设计博览会，广州举办过工业设计展示会。因此，我国的工业设计市场正在被世界看好，中国工业设计正在向着国际化的水平迈进。我国南方地区许多企业的工业设计发展得很快，很多地方建立了工业设计园区，各种设计竞赛也带动了工业设计教育与企业的发展，工业设计呈现一种良好的发展趋势。

广东等沿海地区得益于良好的经济环境，那里的工业设计公司的规模和水平处于国内领先位置。在家电行业，一些具有规模的家电生产企业已经意识到了工业设计的重要性，组建了专门的工业设计部门进行产品研发。如美的公司，在工业设计方面加大经济投入，招聘了设计人才，成立了较为完善的设计中心。设计部门的成立，成为企业创新的力量源泉，带来一些给用户惊喜的经典产品。当时的万宝电器集团公司也是崭露头角，与广州大学合作成立了"广州万宝工业设计研究院"，注重与院校合作开发具有自身特色的产品。同时具有代表性的企业还有联想集团和海尔集团，它们分别成立了北京联想集团工业设计中心和"海高"设计公司。这些企业一方面依靠工业设计来打造具有自身特色的产品，另一方面也提高了国产工业产品的设计水平，影响和引导了产业内其他企业的产品设计。

在中国的企业中，工业设计走在最前列的应该是联想。据统计，从1999年至今，联想创新设计中心荣获国际国内设计奖励80多项，各项专利600余项。但联想走的是一条从形式到文化的道路。20世纪90年代初期，联想创新设计中心更多是从形式上追随其他国际产品；现在，他们已能自信、自主地设计出极富中国文化底蕴、具有国际品质、为国际市场所推崇的作品（见图 3-49、图 3-50）。如今，联想在开发机制和资源上已实现了飞跃，并引入了规模化、科学化、国际化的管理机制，使设计成为企业迎击对手的核心竞争力。

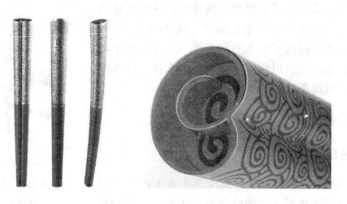

图 3-49　联想集团设计的 2008 年北京奥运会火炬

图 3-50　联想 T400s 和 SL410 荣获两项日本 2009 年优良设计大奖

但从总体来看，我国企业对工业设计的认识还不够，特别是在北方地区的企业，在产品造型设计上与发达国家相比还有很大差距，并没有形成一种鲜明而具有中国特色的设计风格与品质。此外，中国的工业设计在设计师队伍的水平待遇、设计教育，以及政府、企业对工业设计的重视程度等方面，依然与欧美、日本等发达国家的工业设计存在较大差距。在过去的 10 年中，中国设计展现出来的更多的是"西方"脸，反而最缺乏中国元素。而意大利等国的设计之所以能在国际舞台上引领风骚，最大原因是在设计作品中秉持了优秀的民族文化，其次才是富含的"现代气息"。正如伊莱克斯全球设计总监安德鲁所说，企业模仿他人创新的短期行为，将最终遭遇失去市场和品牌形象的恶报。

对工业设计高度敏感的应该算是汽车业，现在国内汽车业已有共识：工业设计在汽车设计中起着决定性的作用，只有将国际先进的设计理念与中国实情结合设计出来的汽车，在中国才会有生命力。国外汽车设计公司因为缺乏对中国文化的了解，其设计往往"水土不服"。目前一些企业纷纷走向"自主设计"之路，吉利就投资 3.5 亿元组建了新汽车研究院。另外，华为、康佳、中兴通信等一批优秀的工业企业以工业设计为支撑，也正逐步体现出有自主知识产权的品牌效应。

2008 年底爆发并波及全世界的经济危机，给我国的制造业带来很大的冲击，特别使那些主要依赖海外订单委托加工的企业提前进入寒冬。这其中一个重要原因就是我国的制造业还是 Made In China，而非 Design In China。那么我国能否将这次经济危机转化为一个契机，作为我国工业设计的一个发展机遇和转折点呢？2007 年 2 月 13 日，温家宝总理在中国工业设计协会呈送给他的报告上批示"要高度重视工业设计"。面对国际金融危机的冲击，企业的自主创新能力就显得尤为重要了。

3.6.2 中国台湾地区的工业设计

"工业设计"这个名词最早出现在台湾地区大约是 1951 年。当时台湾地区邀请了日本著名的工业设计先驱、日本千叶大学工业设计系主任小池新二教授来台演讲，这为台湾地区的产业界率先注入了一股工业设计的新观念。1962 年，成功大学有感于工业设计人才对台湾地区产业发展的重要性以及此学科属于一门高深且专业的知识，成立了台湾地区第一个属于高等教育的工业设计系。两年后，该校又创立了台湾地区第一本工业设计杂志——《工业设计》。美国著名设计师拉瑟尔·赖特于 1956 年应邀去中国台湾地区讲学，这在一定程度上推动了台湾地区的工业设计运动，从而增强了台湾地区产品在国际市场的竞争力。

台湾地区作为一个制造业从西方向东方转移的重要承接点，曾经打造出这样一个口号："你们要什么台湾都能给你"。通过高素质的人力资源，台湾地区创造出了举世无双的"专精"制造优势，并由此写下了经济奇迹。时至今日，制造业为降低生产成本寻求劳力开始向大陆西进，"产业空洞化"的忧虑声不断响起，充满了悲情的论调。然而，这股积压在头顶上的乌云，正是激发爱拼的台湾人重新省思，进而去发现新的制造价值与竞争力的原动力，唤起了台湾地区工业设计的觉醒。

台湾地区的设计经历了从"创造价格"到"创造价值"的演变。近年，被媒体称为除制造、运筹之外的台湾"第三种能力"——"设计能力"有了惊人的成长，吸引了大批国际设计大师到台一探究竟。台湾地区是世界 3C 产品的最大发源地，若能将卓越的制造能力结合设计能力、品牌经营，绝对大有可为。

台湾地区已经慢慢走出了自己的品牌路，包括 2001 年才正式宣布自创品牌的明基电通（BenQ）。在德国汉诺威工业设计论坛（简称 iF）上，明基夺下了数个"iF 工业设计奖"（见图 3-51、图 3-52）。此外华硕电脑更以其自己设计生产的笔记本电脑，在众多竞争产品中脱颖而出，赢得"iF 金奖"的荣耀。这一被誉为"设计界的奥斯卡奖"，每年吸引全球最顶尖的工业设计专家参赛，明基成了台湾地区品牌孜孜以求的国际设计舞台上的大赢家。之后，明基设

图 3-51　明基 QUbe

图 3-52　荣获 iF 奖的明基 FP785 液晶显示器

计的液晶显示器登上了美国《商业周刊》封面，这被看作是亚洲设计崛起的标志。

随着明基、宏基、华硕、捷安特等一系列工业品牌的崛起，ODM 厂商的深入精专，大批独立设计公司的兴起和快速成长，台湾地区通过设计，从生活与生命体验的细节中获取的价值迅速成长，向"美学经济体"快步迈进。

习 题 3

3-1　谈谈一个国家或地区设计的崛起、发展、风格与他们政治、经济、文化背景的联系。

3-2　中国内地的工业设计与国际工业设计的差距有哪些？怎样走出中国工业设计的独特道路？

第**4**章　历史上的设计流派

现代工业设计是从国外发展起来的，要探求工业设计的源流，就必须了解国外，特别是欧洲手工艺设计的发展脉络。工业革命前的外国设计中，设计的风格变化远比其功能、技术的发展丰富得多。在这一点上，国外手工艺时代的设计发展与中国有较大的不同。中国由于两千年儒家文化的一家独尊和大一统的中央集权统治，设计风格的演变十分缓慢，各历史时期的设计虽各有侧重，特色不一，但总的来说还是一脉相承，较少有重大的突破与创新。中国建筑设计的发展更生动地体现了这一点。从汉代中国建筑体系基本确立以来，以木构架、斗拱和大屋顶为基本特征的中国建筑型制便一直延续到 20 世纪初，以至于若非古建筑专家，很难辨认出建筑的年代。而在欧洲，从庄严宏伟的希腊神庙到中世纪巍峨的哥特式教堂，从文艺复兴式的穹顶到巴洛克式的断裂山花，从新古典到新艺术，不同时期的建筑艺术丰富多彩，令人目不暇接，呈现出巨大反差而各领风骚。其他设计领域由于受到建筑艺术的影响，在不同时期也风格各异。在设计发展的进程中，世界各国的发展是不平衡的，它们的设计通常不在一个水平上。每一个历史时期，往往只有少数几个国家代表着当时设计发展的主流。本章以欧洲的建筑设计为主线，家具和产品设计为副线，去认识和品味历史上经典的艺术成就，使大家掌握历史上设计的代表风格或流派、代表作品、代表特征，从中抽取出设计符号，并能够运用到工业设计的产品造型设计中去。

4.1　古希腊设计

古希腊和古罗马两大文明是西方文化的摇篮，是世界文化史上两座永恒的丰碑，是西方人所津津乐道的光辉时代。勤劳的古希腊和罗马人民用他们的智慧给我们创造了一个个令人叹为观止的杰作，留给我们一个无论是文化史上还是艺术史上都难以超越的高度。其中古希腊文化又是罗马文化的源头，罗马文化在其基础上不断地发展创新，创造了许许多多独树一帜的文化艺术构想和杰作。

4.1.1　古希腊概况

公元前 8 世纪起，在巴尔干半岛、小亚细亚西岸和爱琴海的岛屿上建立了很多很小的奴隶制国家。它们向外移民，又在意大利、西西里和黑海建立了许多国家，这些国家之间的政治、经济、文化关系十分密切，总称为古代希腊（公元前 800 年～公元 300 年）。

古代亚非文明发源于大河流域，如古中国发源于黄河，古埃及发源于尼罗河，古印度发源于印度河和恒河，古巴比伦发源于底格里斯河与幼发拉底河，而唯有古希腊孕育于爱琴海，其发轫和兴盛以海洋为依托，形成其"海洋文明"。古希腊三面环海，只有北面与陆地相接，且多丘陵少平原，属于温和的海洋性气候。正是因为这样的地理条件使得它的农业难以发展。为了生存，希腊人学会了和其他地区进行农产品的交换，并逐渐形成了地中海地区繁荣的贸易往来。这种生存环境造就了古希腊人自由奔放、富于想象力、充满原始欲望、崇尚智慧和力量的民族性格，也培育了古希腊人追求现实生命价值、注重个人地位和个人尊严的文化价值观念。

古希腊的政治结构也不同于其他文明古国。特殊的地理环境和历史条件使古希腊成为以"小国寡民，独立自治"为特征的城邦国家。古希腊在政治上被称为民主时代，所谓的"民主时代"是指公元前 6 世纪到公元前 4 世纪这段时期。这一时代是古希腊的全盛时期，各城邦都得到繁荣的发展，而地处海湾、交通便利的雅典在工商业方面日益发达，并建立了奴隶主民主制。民主（democracy）一词最初源于古希腊语 demos 和 kratia，前者意指"人民"，后者意指"统治"，合在一起即构成"民主"，意即"人民的统治"（government by the people）。在雅典，国家不设国王，最高权力机构是全体公民大会，大会成员由公民抽签产生，并共同对国家事务进行商议。而构成雅典人口绝大多数的奴隶丧失自由，不享有公民权，因而不能参预政治活动。雅典民主制创造出在法治基础上的差额选举制、议会制、比例代表制、任期制等，为后世提供了宝贵经验。古希腊、罗马被近现代西方视为西方文明的发祥地，其原因在于今天西方资本主义的民主制度、法律制度，大部分都源于古希腊、古罗马。

古希腊得天独厚的自然地理环境和相对自由的奴隶主民主社会结构，使古希腊在文学、艺术、哲学、体育、建筑等方面都有辉煌的成就，而且还孕育了西方近代文明的一切胚胎。古希腊是欧洲文化的摇篮，希腊人创造的希腊文化具有超常的渗透力，她能够超越时空的限制，随扬帆远航的船队和罗马人的军团传播到亚平宁，传播到莱茵河，传播到巴克特里亚，她又有无限的生命力，不时被后起的文明吸收、改造，从而成为人类共同和永恒的瑰宝。

4.1.2　古希腊建筑

古希腊建筑艺术深深地影响着欧洲两千多年的建筑设计，被认为是古典建筑的典范，总的特点是"完美、和谐、崇高"。

例如雅典卫城。在古希腊遗址中，最为有名的当属建造于雅典黄金时期的雅典卫城（见图 4-1）。它是世界七大奇迹之一，于 1987 年被列入联合国教科文组织的世界遗产名录。雅典卫城在西方建筑史上被誉为建筑群体组合艺术中的一个极为成功的实例，特别是在巧妙地利用地形方面更为杰出。雅典卫城在希腊语中被称为"阿克罗波利斯"，原意为"高处的城市"，位于雅典城中央的一个山冈上，是祭祀雅典守护神雅典娜的神圣地，距今已有3000 年的历史。作为古希腊建筑的代表，雅典卫城达到了古希腊圣地建筑群、庙宇、柱式和雕刻建筑的最高水平。建筑群建设的总负责人是雕刻家菲迪亚斯，雅典卫城包含四个古希腊艺术最大的杰作，即巴特农神庙、通廊、伊瑞克提翁神庙和雅典娜胜利神庙，被认为是世界传统观念的象征。

图 4-1　雅典卫城

A 神庙型制——围廊式

古希腊建筑以神庙建筑最为发达。神庙是为供奉神灵而建造的，神庙建筑对后世影响最大的是它的非常完美的建筑形式。古希腊人的生活受控于宗教，所以理所当然的，古希腊的建筑最大的最漂亮的都非希腊神殿莫属。在古希腊神话中，"神人同形同性"，只是神比普通人更加完美，因此古希腊人认为神居住的地方也不过是比普通人更加高级的住宅。所以，希腊最早的神殿建筑只是贵族居住的长方形有门廊的建筑。后来加入柱式，由早期的"端柱门廊式"逐步发展到"前廊式"，即神殿前面门廊是由四根圆柱组成的，以后又发展到"前后廊式"。到公元前6世纪，"前后廊式"又演变为希腊神殿建筑的标准形式——"围廊式"。

围廊式是指用石制的梁柱围绕长方形的建筑主体，形成一圈连续的围廊。古希腊的建筑从公元前7世纪末开始，除屋架之外，均采用石材建造。由于石材的力学特性是抗压不抗拉，造成其结构特点是密柱短跨，柱子、额枋和檐部的艺术处理基本上决定了神庙的外立面形式。经过几百年不断演进，这种神庙形制达到了十分完美的境地，奠定了欧洲古典建筑的基础。

B 三大柱式

古希腊建筑艺术的种种改进，也都集中在构件的形式、比例和相互组合方面。公元前6世纪，构件形式已经相当稳定，有了成套定型的做法，即以后古罗马人所称的"柱式"。柱式（order）是指建筑的基座、柱子和屋檐等各部分之间在形式、比例和相互组合上具有一定的格式。柱子可分为柱础、柱身、柱头三部分。由于柱子各部分尺寸、比例、形状的不同，加上柱身处理和装饰花纹的各异，形成了各种不相同的柱子样式。希腊建筑基本上有三种主要柱式（见图4-2），即多立克柱式（Doric）、爱奥尼柱式（Ionic）、科林斯柱式（Corinth）。

图 4-2　古希腊的三大柱式

古典柱式是西方古典建筑的重要造型手段。基本原理就是以柱径为一个单位，按照一定的比例原则，计算出包括柱础（Base）、柱身（shaft）和柱头（Capital）的整个柱子的尺寸，更进一步计算出包括基座（Stylobate）和山花（Pediment）的建筑各部分尺寸。古希腊柱式不仅被广泛用于各种建筑物中，也被后人作为古典文化的象征符号，用于家具、室内装饰、日用产品之中，工业革命早期的一些机器甚至按希腊柱式作立柱。

（1）多立克柱式特点：没有柱础，直接在基座上拔地而起；柱身由一系列的鼓形石块垒砌而成，上有 20 条垂直平行的凹槽；柱头是一个倒立的圆锥台，没有任何装饰；柱径与柱高之比为 1：6 或 1：7，整体显得短粗、雄壮有力，被认为是男性美的象征。

例如巴特农神庙。巴特农神庙（又称雅典娜神庙，见图 4-3）是雅典卫城的主体建筑，坐落在山的最高处，以至在雅典的任何一处都可望见。巴特农神庙始建于公元前 447 年，于公元前 438 年完工。设计人为伊克底努和卡里克拉特。神庙的雕塑是在大雕刻家菲迪亚斯的指导和监督下完成

图 4-3　巴特农神庙

的，且雕刻都为他和弟子所创作。巴特农神庙是古希腊建筑艺术的纪念碑，代表了古希腊建筑艺术的最高成就，被称为"神庙中的神庙"。

巴特农神庙的形制是希腊神庙中最典型的列柱围廊式，其长方形平面据说是按黄金比例 1：1.618 设计的。神庙坐西向东，由 46 根多立克柱环绕，长边方向每边 17 根，短边方向每边 8 根。每根柱高 10.43m，由 11 块鼓形大理石垒成。神庙正立面的各种比例及尺度一直被作为古典建筑的典范。柱式比例和谐，视觉校正技术运用纯熟，山花雕刻丰富华美。整个建筑既庄严肃穆又不失精美，被美术史家称为"人类文化的最高表征"和"世界美术的王冠"。

（2）爱奥尼柱式特点：多层圆台柱础；柱头正背面各有一对涡卷；柱身凹槽增多到 24 条；柱径与柱高之比为 1：8 或 1：9，整体显得挺拔修长、优雅高贵，被认为是女性美的象征。代表建筑有雅典娜胜利神庙、伊瑞克提翁神庙。

例如伊瑞克提翁神庙。伊瑞克提翁神庙（见图 4-4）是雅典卫城的著名建筑之一，位于巴特农神庙的对面，是一座爱奥尼柱式的神殿，建于公元前 421 年至公元前 405 年，是培里克里斯制订的重建卫城山计划中最后完成的重要建筑。神庙因形体复杂和精致完美而著名。它的东立面由 6 根爱奥尼柱构成入口柱廊，西立面在 4.8m 高的墙上设置柱廊。西部的入口柱廊虚实相映。南立面的西端，突出一个小型柱廊，用女性雕像作为承重柱，她们束胸长裙，轻盈飘逸，亭亭玉立，是这座神庙最引人注目的地方，在古典建筑中也是罕见的。由于石顶的分量很重，而 6 位"少女"为了顶起沉重的石顶，其"颈部"必须设计得足够粗，但是这将影响美观。于是建筑师给每位少女颈后保留了一缕浓厚的秀发，再在头顶加上花篮，成功地解决了建筑美学上的难题，因而举世闻名。目前，女性雕像承重柱已用复制品顶替，据说真品石柱像目前分身两处，3 根藏于卫城博物馆，3 根藏于大英博物馆。

（3）科林斯柱式特点：柱头毛茛叶饰层叠交错，卷须花蕾夹杂其间，形似花篮，十分华丽，被认为是"少女窈窕之美"，其他部分则与爱奥尼柱式相同。代表建筑是宙斯神殿。

科林斯柱式产生于公元前 5 世纪的下半叶，在爱奥尼柱式的基础上发展而成。毛茛叶饰是一种根据地中海沿岸植物刺茛苕（拼音

图 4-4　伊瑞克提翁神庙

gèn sháo，见图 4-5）坚挺、多刺的叶子设计的建筑装饰。相对于爱奥尼柱式，科林斯柱式的装饰性更强，但是在古希腊的应用并不广泛，而在古罗马时备受欢迎。究其原因古希腊人崇尚典雅朴素的美，而古罗马人则喜欢华丽雄壮的美，这种审美的差异在两个时期的家具上反映也比较明显。

例如奥林匹亚宙斯神殿。宙斯神殿（见图 4-6）是奥林匹克运动会的发源地，据说它最初共有 104 根科林斯柱式列柱，规模相当壮观，与"众神之神"的地位匹配。目前神庙已毁，只剩 15 根。每根石柱高 17.25m，顶端直径达 1.3m。传说古代运动员在赛前必须来到宙斯神庙，宣誓遵守规则，公平竞争。赛后也在此领奖，并用圣殿西边的野橄榄树枝编成的花环给优胜者加冕。

图 4-5 刺莨苕

图 4-6 宙斯神殿

4.1.3 古希腊家具

古希腊手工业发达，古代诗人荷马的史诗中就曾经提到了镀金、雕刻、上漆、抛光、镶接等工艺技术，并列举了桌、长椅、箱子、床等不同品种的家具。目前基本没有发现存世的古希腊家具，只能在绘画、雕塑、墓碑上看到古希腊家具的图形纹样。古希腊家具上也有兽腿形的装饰，但他们放弃了埃及人那种 4 足一致的做法，而改变成 4 足均向外或均向内的样式。总的特点概括为造型简洁优雅、比例协调、功能宜人。

A 克里斯姆斯(Klismos)靠椅

Klismos（见图 4-7）是希腊家具中最杰出的代表。靠椅线条极其优美，从力学角度上来说是很科学的，从舒适的角度上来说也是很优秀的，它与早期的希腊家具及埃及家具那种僵直线条形成了强烈对比。靠椅下腿曲线外向的张力通过座面与其交接处外露节点以及靠背的内方向弯曲状设计而得到抵消，并达到一种相对均衡的状态。尽管这种家具没有实物存留于后世，但从它的形式、结构与外观可以看出当时的工匠已具有相当高超的技艺。在等级社会中，坐椅是最有等级性的家具，英语中"主席"一词便是坐在椅子上的人的意思。希腊坐椅之所以能表现出如此优美和单纯的形式，大概与他们在精神上追求解放的民主倾向有关。

图 4-7 克里斯姆斯靠椅

B　古希腊长榻

古希腊长榻类家具中常用的涡卷饰是希腊艺术装饰所特有的题材（图4-8），可以看出，它那对称向外卷曲的形式和建筑中爱奥尼柱式上所用涡卷十分相似，并且它也是用于竖向的支撑构件，只是由于家具的尺度较小，涡卷饰是在靠近柱的顶部的中间位置向两侧卷曲的。将古亚述的一款长榻与其对比，在造型及装饰上前者显凝重又繁缛，后者则轻盈而简洁；后者在高度方向上相比前者要低，这是考虑到人上下榻的便利，并且在民主制度下的希腊人也根本无需在高度上制造声势，强调权威。

图4-8　古亚述长榻和古希腊长榻

4.2　古罗马设计

"光荣属于希腊，伟大属于罗马"——这句诗出自爱伦·坡的《致海伦》。

罗马诗人贺拉斯曾经这样咏唱道："希腊被擒为俘虏，被俘的希腊又俘虏了野蛮的胜利者，文学艺术搬进了荒僻之地。"罗马虽然在军事上征服了希腊，但在文化艺术上却被希腊征服。早期罗马的文化几乎是对希腊的纯粹继承与模仿，反映在神话与宗教上，罗马的神几乎是希腊神话的翻版。希腊的地母神德米德变成了罗马的谷神塞利斯；万神之王宙斯变成了朱庇特；天后赫拉变成了朱诺；爱与美的女神阿芙罗狄成了维纳斯。在建筑设计上，古罗马的建筑风格继承古希腊，但达到了后者难以企及的高度，主要原因就是罗马人发明了水泥，这种火山灰、石灰和水的混合物，相当于现代的混凝土。古希腊的建筑出于承重目的，内部都是石柱林立，而罗马人利用水泥建造了高大简洁的拱廊和穹顶，这是希腊人望尘莫及的。

4.2.1　古罗马概况

古罗马（公元前9世纪初~公元395年）通常指公元前9世纪初在意大利半岛中部西岸的一个小城邦国家。公元前5世纪起，古罗马实行自由民主的共和政体，公元前3世纪征服了全意大利并向外扩张，到公元前1世纪末，统治了东起小亚细亚和叙利亚，西到西班牙和不列颠的广阔地区，并最后扩张为横跨欧洲、亚洲、非洲的庞大罗马帝国。罗马帝国囊括了今日的意大利、埃及、希腊，法国、突尼斯、土耳其、马其顿、英国、西班牙、德国、奥地利、匈牙利和罗马尼亚等地，东至西亚的幼发拉底河，南抵北非和苏丹。当时，地球上出现了两个大帝国，即东方的西汉帝国和西方的罗马帝国。到公元395年，罗马帝国分裂为东西两部。西罗马帝国亡于476年。东罗马帝国（即拜占庭帝国）变为封建制国家，于1453年被奥斯曼帝国所灭。

古罗马的环境和希腊类似，地处今意大利半岛，是一个多丘陵、多沼泽的地区，因此农业也不十分发达。但希腊通过自由贸易——物物交换来解决这一问题，这是一种互相合作的良性竞争模式。而罗马解决这一问题的方法使用的是一种血腥的方式——侵略和扩张。总的来说，希腊和罗马的经济发展走的是截然不同的道路，体现了两种截然不同的思想，这些思想对以后西方国家的经济发展有着深远的影响。后世西方各国基本上都经历了这两个阶段，比如欧洲新帝国对非洲、美洲的海外扩张、奴隶贸易，俨然是罗马形式的另一版本，而同时期广泛存在于各国之间的贸易往来却又是希腊式的重现。

罗马共和国时期实行两院立法，一个议案先在公民大会（comitia）得以通过，然后送交上层社会的代表——元老院讨论批准，最后由元老院代表罗马人民正式签署法案。美国的开国元老们在创建国会制度时，无疑参照了古罗马共和国时期的议会制度。美国的国会两院，最初众议院相当于罗马公民大会，而参议院相当于罗马元老院。现在西方社会的司法制度，比如美国电视剧《法律与秩序》（《Law and Order》）里面表现的庭审，控、辩双方面向陪审团的交锋等情景，都是古罗马时代形成的定制。罗马共和国晚期著名政治家、文学家和演说家西塞罗（Marcus Tullius Cicero），也是当时一位著名的辩护律师，他的一些辩护技巧直到今天还在使用。

4.2.2　古罗马建筑

古罗马建筑直接继承并大大推进了古希腊建筑成就，开拓了新的建筑领域，丰富了建筑艺术手法，在建筑型制、艺术和技术方面取得了广泛成就，达到了奴隶制时代建筑的最高峰。公元 1～3 世纪是古罗马建筑最繁荣的时期，重大的建筑活动遍及帝国各地，但最重要的集中在罗马城。古罗马公共建筑物类型多，有罗马万神庙、维纳斯和罗马庙，以及巴尔贝克太阳神庙等宗教建筑，也有皇宫、剧场、角斗场、浴场以及广场和巴西利卡等公共建筑。其中，宗教建筑是古罗马建筑艺术的典型代表。但是，古罗马的神庙建筑并不像古希腊时期占据着绝对重要的地位，古罗马人侍奉的神灵比较灵活，常常是直接取自希腊的神话传说，改个名字就成为自己民族的神灵。随着罗马领土的扩张，其他民族所信奉的神明往往会被他们拿来所用，并被吸收到他们的宗教中去。罗马人喜欢把诸神集中起来供奉，因此，他们在一所神庙同时设几个神殿。罗马的万神庙就是一座供奉宇宙诸神的庙宇，同时它也是古罗马建筑艺术在民用建筑领域实现的革新发展到宗教建筑上的典型代表。

古罗马建筑在材料、结构、施工与空间的创造等方面均有很大的成就。在建筑材料上，除了砖、木、石外，还有运用地方特产火山灰制成的天然混凝土；在空间创造方面，重视空间的层次、形体与组合，并使之达到宏伟的富于纪念性的效果；在结构方面，罗马人在伊特鲁里亚和希腊的基础上，发展了综合东西方大全的柱与拱券结合的体系，即"券柱式"；此外，罗马人还把古希腊柱式发展为五种，即多立克柱式、塔斯干柱式、爱奥尼柱式、科林斯柱式和组合柱式；在理论方面，形成了系统的建筑理论体系，以维特鲁威的《建筑十书》为主，该书首先提出了具有深远影响的建筑三要素——实用、坚固、美观，成为自文艺复兴以后三百多年建筑学上的基本教材。

意大利建筑师布鲁诺·赛维在他的《建筑空间论》中指出："希腊式＝优美的时代，象征热情激荡中的沉思安息；罗马式＝武力与豪华的时代。"如果说，欣赏希腊建筑像聆听着一首安宁唯美的小夜曲，处处启发你最深沉的思考和想象，那么古罗马建筑更像是一曲富丽堂皇的交响乐；如果说古希腊建筑是精致连续的展开，那么古罗马建筑则是宏伟磅礴的汇聚。

A　穹顶

穹顶（半球形）可以将巨大屋顶的重力分散到四周的柱子和墙上，同时又能使人们从内部获得较大空间，显示建筑的恢宏气势，此外还可以有采光的功能。中国古代建筑中，没有建造穹顶的技术，这也许和中国古代几何学的不够发达有关。

例如穹顶代表建筑万神庙。万神庙是一座带有穹顶的圆形神庙，它是单一空间、集中式构图建筑的代表，也是古罗马穹顶技术的最高成就（见图 4-9）。整个建筑由一个矩形的门廊和神殿两大部分组成。门廊宽 33.5m、深 18m，排列着 16 根大理石和花岗石制成的科林斯式柱子。门廊的上面则是一处三角形的山尖，整个建筑活脱脱地显示着古罗马建筑继承与创新的形象。

图 4-9　古罗马万神庙

万神庙穹顶是中世纪的世界之最，直径 43.3m，这个记录直到 1436 年佛罗伦萨杜莫教堂建成以后才被打破。按照当时的观念，穹顶象征天宇。穹顶中央开一个直径 8.9m 的圆洞，是庙内唯一的采光口。光线从上面泻下，随着不同的时间变化，庙里的光影显示出不同的景象，有一种天人相通的神圣气氛，象征着神和人的世界的联系，被称为"世界之眼"。但同时也带来了漏雨的问题。古希腊和古罗马早期的神庙，艺术表现的重点在外部，但从万神庙开始，艺术表现的重点以内部空间的艺术表现力为主了。

B　拱券柱式

古罗马人由于发明了由天然的火山灰、砂石和石灰构成的混凝土，在券拱结构的技术方面取得了很大的成就。在建筑艺术方面，罗马继承了希腊的柱式艺术，并把它和券拱结构结合创造了"拱券柱式"。

拱券就是用石块拼接形成拱形结构的一种做法。拱券除了竖向荷重时具有良好的承重特性外，还起着装饰美化的作用。拱券的外形为圆弧状，但由于各种建筑类型的不同，拱券的形式也略有变化。半圆形的拱券为古罗马建筑的重要特征，尖形的拱券则为哥特式建筑的明显特征，而伊斯兰建筑的拱券则有尖形、马蹄形、弓形、三叶形、复叶形和钟乳形等多种形式。

拱券柱式是指两柱间有一个券洞，形成一种券与柱大胆结合极富韵味的装饰性柱式。

非结构柱式是指将柱子全部或部分埋入墙中的装饰性结构，全部或部分埋入墙中的柱子称为附墙柱或半身柱，有的柱子被做成扁平状，称为"壁柱"。

例如古罗马竞技场。古罗马竞技场（斗兽场或角斗场，见图 4-10）位于意大利罗马的威尼斯广场南面，它是迄今遗存的古罗马建筑工程中最卓越的代表，也是古罗马帝国国威的象征。公元 72 年，由维斯巴西安皇帝开始修建，公元 80 年，由其子蒂托斯皇帝隆重揭幕。罗马

图 4-10 古罗马竞技场

竞技场占地 20000m²，围墙周长 527m，高 57m，相当于一座 19 层楼的高度，场内可容 10.7 万名观众。竞技场长轴长 188m，短轴长 156m，中央"表演区"长轴长 86m，短轴长 54m。观众席大约有 60 排座位，座位逐排升起，分为五区。前面一区是荣誉席位，最后两区是下层群众的席位，中间是骑士等地位比较高公民的席位。为了架起这一圈观众席，竞技场的结构是真正的杰作。这座建筑物的结构、功能和形式三者和谐统一，成就很高。它完善的形制，在体育建筑中一直沿用至今，而且没有原则上的变化。竞技场雄辩地证明着古罗马建筑所达到的高度。古罗马人曾经用竞技场来象征永恒，它是当之无愧的。

（1）结构：混凝土券柱式。运用了混凝土的筒形拱与交叉拱，底层有土圈灰华石的墩子，平行排列，每圈 30 个。底层平面上，结构面积只占六分之一，这在当时是很大的成就。

（2）功能：专为野蛮的奴隶主观看奴隶角斗而造。分为中央表演区和 5 个观众席区，5 个观众席区按阶级地位划分。观众席大约有 60 排座位。前面一区是荣誉席位，最后两区是下层群众的席位，中间是骑士等地位比较高公民的席位。

（3）形式：平面椭圆形，4 层立面，逐排升起，错落有致。竞技场的立面高 57m，分为四层。下面三层各 80 个柱式和拱券结合的券柱式洞口，第四层是实墙面。这种被称为叠柱式的立面构图，是对古希腊柱式构图的进一步创造。古希腊人用来承重的梁柱，被古罗马人巧妙地改造成为拱券结构的装饰。竞技场的立面上，一层用塔斯干柱式；二层用爱奥尼柱式；三层用科林斯柱式；四层用科林斯扁柱式。

C 古罗马五种古典柱式

古罗马在继承古希腊三大柱式的基础上，又发展出了五种古典柱式：多立克、爱奥尼、科林斯、塔斯干柱式以及混合柱式（见图 4-11）。其中塔斯干柱式和混合式是在前三种希腊柱式的基础上发展起来的两种罗马柱式。塔斯干柱式是柱身比例较粗、无圆槽、有柱础的一种简单柱式。混合式则是在科林斯式柱头上加上一对爱奥尼式涡卷，柱式更趋向华丽、细密、纤巧和豪华。这种混合柱式直接影响了后来的欧洲建筑，教堂、宫殿、官邸和一些公共建筑的柱式常常采用这种古罗马人建筑形式。

4.2.3 古罗马家具

古罗马家具的基本造型和结构表明它是从古希腊家具直接发展而来的，但是它也有自己的一些独到特点，例如雄伟厚重、装饰复杂精细、采用镶嵌与雕刻等。其中从庞贝遗址挖掘出来的铜质家具是古罗马家具最杰出的代表。从形式上来看，古罗马家具基本上没有脱离古希腊家

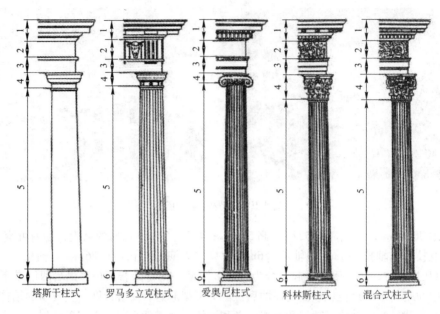

塔斯干柱式	罗马多立克柱式	爱奥尼柱式	科林斯柱式	混合式柱式

图 4-11　古罗马五种古典柱式

具的影响，尤其是三脚的鼎和凳还保持着明显的古希腊风格，但在装饰纹样上古罗马家具显出一种潜在的威严之感。古罗马青铜家具的铸造工艺已经达到了使人惊叹的地步，许多家具的弯腿部分的背面都被铸成空心的，这不但减轻了家具的质量，而且也提高了家具的强度。

　　例如古罗马的一件大理石制小桌（见图 4-12）。该桌桌面是圆形的，边缘被加设了装饰；底托是厚厚的直线与曲线相交的四边形，底托面上的边沿是一条棕榈饰装饰带；中间的四腿是粗壮的 S 形三弯腿，兽足；桌腿上端是逼真的人头像浮雕，头像上的方木连着桌面。整件家具严峻、庄重、华丽、肃穆，显示出罗马大帝国的强大。还有一件古罗马一般人所使用的青铜椅（见图 4-13），该椅靠背是半圆筒形，并且连接阶梯似的扶手；底座前后两腿连成一平面，坐落在底托上；椅腿上面浮雕古埃及的棕榈饰和涡卷纹，前腿上有几条涡卷纹向后卷曲，并有几条主线顺着弯曲外形通向底足，此外，前腿还有伸出的牧羊神头。前后腿都是一条优美的曲线造型。整件家具严谨、庄严、肃穆，显示出神圣的宗教色彩。

图 4-12　古罗马的大理石制小桌

图 4-13　古罗马的青铜扶手椅

4.3 中世纪的设计

直到 14~15 世纪资本主义制度萌芽之前，欧洲的封建时期被称为中世纪。在这个时期，自然经济的农业占统治地位，农民自给自足，生产的范围很狭窄。在此经济基础上，欧洲四分五裂，古罗马光辉的文化和卓越的技术成就被遗忘了。欧洲封建制度主要意识形态和上层建筑的集中表现是基督教，它宣扬世俗生活是罪恶，人欲是万恶之源，并有意识地诋毁含有现实主义和科学理性的古典文化。教会不仅统治着人们的精神生活；而且控制人们生活的一切方面。封建分裂状态和教会的统治，对欧洲中世纪的设计发展产生了深刻的影响。

4.3.1 拜占庭建筑风格

公元 395 年，罗马帝国分裂为东西两部。东罗马帝国以巴尔干半岛为中心，领土包括小亚细亚、叙利亚、巴勒斯坦、埃及以及美索不达米亚和南高加索的一部分等地区，首都是君士坦丁堡。君士坦丁堡是古希腊移民城市拜占庭的旧址，故东罗马帝国又称拜占庭帝国。拜占庭帝国的文化和宗教对于今日的东欧国家有很大的影响。此外，拜占庭帝国在其 11 个世纪的悠久历史中所保存下来的古典希腊和罗马史料、著作，以及理性的哲学思想，也为中世纪的欧洲突破天主教神权束缚提供了最直接的动力，引发了文艺复兴运动，并深远地影响了人类历史。

拜占庭建筑的主要成就是在教堂建筑中创造了用四个或更多的柱墩通过拱券来支撑穹隆顶的结构方法，并采用了相应的中心对称式建筑形制。拜占庭建筑特别注重中心对称式构图的纪念性艺术形象同结构技术相协调。

例如圣索菲亚大教堂。君士坦丁堡的圣索菲亚大教堂（见图 4-14）是东正教的中心教堂，建于公元 552 年至 557 年。该教堂由万人花了 6 年建造，是拜占庭帝国极盛时代的纪念碑。圣索菲亚大教堂的特别之处在于平面采用了希腊式十字架的造型，在空间上，则创造了巨型的圆顶，并且该圆顶在室内没有用柱子来支撑。大教堂的中央穹隆突出，直径 32.6m，穹顶离地54.8m，穹隆通过帆拱支承在四个大柱墩上。大柱墩横推力由东西两个半穹顶及南北各两个大柱墩来平衡。穹隆底部密排着一圈 40 个窗洞，光线射入时形成的幻影，使大穹隆显得轻巧凌空。教堂内部空间曲折多变，饰有金底的彩色玻璃镶嵌画。1453 年，拜占庭被奥斯曼土耳其帝国灭亡，后者迁都君士坦丁堡，并将其更名为伊斯坦布尔。从此，圣索菲亚大教堂被改建为清真寺，并且周围修建了 4 个高大的尖塔。直到土耳其共和国建立以后，伊斯兰教徒才全部迁出，大教堂改为阿亚索菲亚博物馆，并正式向世人开放。

图 4-14 君士坦丁堡的圣索菲亚大教堂

4.3.2　罗马式建筑风格

罗马式建筑（又译为罗曼建筑）产生于公元 9 世纪查理大帝（即查理曼）时期。自罗马帝国灭亡后，欧洲的政局一直是动荡不定的。为了防御外敌，当时的宫殿或教会建筑，都筑成城堡样式。比如教堂的旁边一般要加筑塔楼。于是，在筑墙时，一方面把建筑的全面承重改为重点承重，出现了承重的墩子或扶壁与间隔轻薄的墙；另一方面是创造了肋料拱顶。

罗曼建筑的典型特征是，墙体巨大而厚实，墙面用连列小券，门券洞口用同心多层小圆券，以减少沉重感。主体建筑一般西面有一两座钟楼，有时拉丁十字交点和横厅上也有钟楼。中厅大小柱有韵律地交替布置。窗口窄小，在较大的内部空间造成阴暗神秘的气氛。朴素的中厅与华丽的圣坛形成对比，中厅与侧廊较大的空间变化打破了古典建筑的均衡感。随着罗曼建筑的发展，中厅愈来愈高。为减少和平衡高耸的中厅上拱脚的横推力，并使拱顶适应不同尺寸和形式的平面，人们后来创造出了哥特式建筑。罗曼建筑作为一种过渡形式，它的贡献不仅在于把沉重的结构与垂直上升的动势结合起来，而且在于它在建筑史上第一次成功地把高塔组织到建筑的完整构图之中。

图 4-15　意大利比萨大教堂

例如比萨大教堂。意大利比萨大教堂（见图 4-15）从 1068 年开始花了 50 年时间建成，是意大利著名的宗教文化遗产，是意大利罗曼式教堂建筑的典型代表。在比萨广场上有大教堂、洗礼室、钟楼和墓地。比起教堂本身来说，比萨斜塔的名气似乎更大一些。其实，它只是比萨大教堂的一个钟楼，因其特殊的外形以及历史上与伽利略的关系而名声大噪。并且历经多年，塔斜而不倒，被公认为世界建筑史上的奇迹。这些宗教建筑对意大利 11 ~ 14 世纪间的教堂建筑艺术产生了极大影响。

4.3.3　哥特式建筑风格

哥特式是 12 ~ 16 世纪流行于西欧的一种建筑风格。"哥特"原为参加覆灭古罗马帝国的一个日耳曼民族，其称谓含有粗俗、野蛮的意思。它是文艺复兴时期的欧洲人，因厌恶中世纪的黑暗而"赠"给中世纪建筑的，但它却代表了中世纪设计的最高成就，是中世纪宗教精神文化的象征，并将欧洲的建筑艺术水平提升到了一个崭新的高度。与相同空间的古罗马建筑相比，哥特式建筑的重量大大减轻，材料大大节省。用来抵挡尖拱券水平推力的扶壁和飞扶壁，窗花格和彩色嵌花玻璃窗，以及林立的尖塔是哥特式建筑的外部特征。哥特式建筑的外表和特征给人以向上的感觉，体现了追求天国幸福的宗教意识。哥特式教堂的结构技术和艺术形象达到了高度统一。

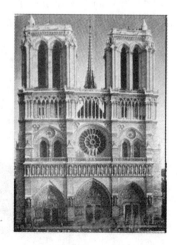

图 4-16　巴黎圣母院

例如巴黎圣母院。巴黎圣母院（见图 4-16）建于 1163

年，是最早的哥特风格建筑的成功例子，具有划时代的意义。它将罗马教堂的十字拱和骨架券，与 7 世纪阿拉伯建筑的尖顶券巧妙地结合起来，形成了一种"高直"的新型建筑样式。整个建筑用石头砌成，所有屋顶、塔楼、拱壁等顶端都用尖塔作装饰，拱顶轻，空间大。后面高达 90m 的尖塔从两侧钟楼之间露出塔尖，给人以神秘莫测的感觉。圣母院上端南北两座钟楼高69m，由一条装饰精美的走廊连接。尖塔比钟楼高出 21m，但从正面看去却一般高矮，这正是建筑师的匠心所在，有人说它象征着基督教的神秘，给人一种神秘莫测的幻觉。

巴黎圣母院主立面是"三三布局"的完美体现。建筑师利用壁柱将主立面纵向划分为三大块，又用三条装饰带将主立面横向划分为三层，这是建筑史上的典范。主立面底层并排有三个内凹的桃型拱门。左门为"圣母门"，右门为"圣安娜门"，中门为"最后审判门"，中柱上的耶稣在"世界末日"宣判每个人的命运，一边是升入天堂的"灵魂得救者"，一边是被推入地狱的罪人。门洞上方是被称为"国王长廊"的长条壁龛，上面陈列着 28 尊雕塑。雕塑刻的是圣母的祖先、犹太的历代国王。主立面中间一层是三扇窗子。两边是尖拱形的窗子，分别雕有亚当和夏娃的塑像。中间是由 37 块玻璃组成的著名的"玫瑰花窗"（见图 4-17），其直径约 10m。

巴黎圣母院主立面最上面的一层以精美的雕花圆柱支撑着平台，两侧是钟楼。其中一侧钟楼挂着一口

图 4-17　巴黎圣母院"玫瑰花窗"

叫"玛丽"的大钟，传说有一个叫卡西莫多的聋哑人敲过它。这引起了作家雨果的兴趣，为此他写出了小说《巴黎圣母院》。巴黎圣母院也留下了雨果那句名言："建筑是石头谱成的交响乐。"巴黎圣母院是幸运的，世界上那么多教堂并不是人人都叫得出名字来，而巴黎圣母院随雨果的小说蜚声世界，成为集宗教、文化、艺术于一身的建筑。

又如科隆大教堂。科隆大教堂（见图 4-18）是中世纪欧洲哥特式建筑艺术的代表作，也可以说是世界上最完美的哥特式教堂建筑，它与巴黎圣母院大教堂和罗马圣彼得大教堂并称为

图 4-18　德国科隆大教堂

欧洲三大宗教建筑。科隆大教堂工程规模浩大，至今仍保存着成千上万张设计图。科隆大教堂始建于 1248 年，一直到 1880 年才建成，其建筑过程长达 632 年，堪称世界之最，被德国人戏称为"永远的工地"。科隆大教堂素有欧洲最高尖塔之称，主体部分就有 135m 高，大门两边的两座尖塔更是高达 157.38m（有资料说是 161m），就像两把锋利的宝剑，直插云霄。此外，大教堂四周的顶部还矗立着一万多个小尖塔。科隆大教堂至今为止依然是世界上最高的教堂。

4.3.4　中世纪的家具

图 4-19　中世纪的折叠椅

　　19 世纪英国工艺美术运动的代表人物反对机械及大工业生产，并一贯声称在中世纪找到了他们的理想，坚信若要建立一个可接受的设计标准，唯一方法就是回归到中世纪手工艺产品对质量的尊重，并回到中世纪的形式。因此，考察一下欧洲中世纪的设计是很有意义的。

　　日耳曼人征服罗马后，由于罗马文化的优秀遗产大部分已在战火中焚毁，所以中世纪早期的手工制品无法与古典文化的产品相比，在设计上明显带有北方蛮族的粗野形态。此外，由于教会宣扬禁欲，鼓吹清教徒般的生活方式，因此各种生活用品的制作都是很朴素甚至是简陋的。一把中世纪折叠椅（见图 4-19）看起来简直就像陈列在现代荷兰家具展览中的一件展品。

　　哥特式风格对于手工艺制品，特别是家具设计产生了重大影响。哥特式家具着意追求哥特式建筑的神秘效果。最常见的手法就是在家具上饰以尖拱和高尖塔的形象，并着意强调垂直向上的线条（见图 4-20、图 4-21）。

图 4-20　哥特式马丁王银座

 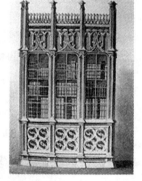

图 4-21　哥特式家具

4.4　文艺复兴时期的设计风格

　　文艺复兴是指 14 世纪末在意大利各城市兴起，以后扩展到西欧各国，并于 16 世纪在欧洲盛行的一场思想文化运动，带来一段科学与艺术革命的时期。

　　西欧资本主义因素是从 14 世纪起在意大利开始兴起的，在 15 世纪以后遍及各地。由于社会劳动分工促进了生产技术的革新，商品生产和商业日趋兴旺，城市新兴的资产阶级要求在意识形态领域开展反对教会精神统治的斗争，因此形成了以意大利为中心，并为资本主义建立造舆论的"文艺复兴运动"。文艺复兴的中心思想是所谓的"人文主义"。它主张文学艺术表现人的思想和感情以及科学为人生谋福利，并提倡个性自由以反对中世纪的宗教桎梏。

新兴资产阶级中的一些先进知识分子借助研究古希腊、古罗马的艺术和文化，通过文艺创作，宣传人文精神。人文主义者以"人性"反对"神性"，用"人权"反对"神权"。他们提出"我是人，人的一切特性我无所不有"的口号。新兴资产阶级认为中世纪文化是一种倒退，而希腊、罗马古典文化则是光明发达的典范，他们力图复兴古典文化——而所谓的"复兴"其实是一次对知识和精神的空前解放与创造。文艺复兴表面上是要恢复古罗马的进步思想，实际上是新兴资产阶级在精神上的创新。文艺复兴运动促进了普遍的文化高涨，其间众星璀璨，绘画、文学、设计都进入了一个崭新的阶段，其影响所及直达 20 世纪。

4.4.1 文艺复兴的建筑

新兴资产阶级认为哥特式建筑是基督教神权统治的象征，而古代希腊和罗马的建筑是非基督教的，所以他们认为这种古典建筑，特别是古典柱式构图体现了和谐与理性，并同人体美有相通之处，而这些正符合文艺复兴运动的人文主义观念。

例如佛罗伦萨大教堂。1420 年至 1470 年建造的佛罗伦萨大教堂（见图 4-22），又叫"花之圣母大教堂"，是世界第四大教堂。大教堂两端各为一钟楼和一穹隆顶，舍弃了哥特式的尖塔，而采用了罗马式的穹隆顶。教堂的八角形穹顶仿照万神庙的穹顶，是世界上最大的穹顶之一，内径达 43m，高 30 多 m，仅中央穹顶本身的工程就历时 14 年。佛罗伦萨大教堂由当时意大利著名的建筑师勃鲁涅斯基设计，被称为"文艺复兴的报春花"，标志着文艺复兴建筑史的开始。大教堂结构和构造的精致远远超过了古罗马和拜占庭的建筑，结构的规模也远远超过了中世纪建筑，是结构技术空前的成就。

又如罗马圣彼得大教堂。圣彼得大教堂（见图 4-23）位于意大利首都罗马西北的梵蒂冈，是世界第一大教堂、欧洲天主教徒的朝圣地以及梵蒂冈罗马教皇的教廷。圣彼得大教堂在长达 126 年的建造期内（1506～1626 年）凝聚了几代著名匠师的智慧，是文艺复兴时期最重大的工程，这期间罗马最优秀的建筑师都曾经主持或参与过圣彼得大教堂的营造。圣彼得大教堂代表了 16 世纪意大利建筑、结构和施工的最高成就，是意大利文艺复兴建筑最伟大的纪念碑。

图 4-22 佛罗伦萨大教堂

图 4-23 罗马圣彼得大教堂

圣彼得大教堂的总面积超过 18000m²，其平面为纵长十字形。在十字形交叉处，覆盖着高大的穹隆顶。该穹隆顶由米开朗琪罗设计，被誉为最美丽的穹顶，从地面到穹顶顶部的十字架顶端，距离达 137.7m。圆屋顶周长 71m，直径 42.34m。屋顶内壁镶嵌着色泽鲜艳的图画，并有玻璃窗采光。教堂正面是科林斯式（特征是柱头饰形似花篮）的 4 根方柱和 8 根圆柱；中间有五扇门，从左至右分别是死门、善恶门、中门、圣事门和圣门。平常一般游客都入中门，如果遇上好机会，教徒们就可从右边的圣门进入大殿，不过这需 25 年才有一次。按规定每隔 25 年的圣诞之夜，圣门打开后，教徒们由教皇领头走入圣堂，意为走入天堂。

4.4.2 文艺复兴的家具

文艺复兴时期的家具一反中世纪刻板的设计风格，追求具有人情味的曲线和优美的层次，并把眼光重新投向古代艺术，试图从希腊和罗马的古典艺术中吸取营养。早期的文艺复兴时期的家具，主要的技艺和结构还是沿袭中世纪的式样，但却显示出更大的自由度，并且曲线被广泛应用，家具的起伏层次更加明显，呈现出一种使人亲近的感情（见图 4-24）。

图 4-24　意大利文艺复兴时期的靠椅

4.5　法国古典主义设计

法国在路易十三（1610～1643 年在位）和路易十四（1643～1715 年在位）在位的专制王权极盛时期开始竭力崇尚古典主义建筑风格。古典主义建筑造型严谨，普遍采用古典柱式，并且内部装饰丰富多彩。法国古典主义建筑的代表作是规模巨大、造型雄伟的宫廷建筑和纪念性的广场建筑群。这一时期法国王室和权臣建造的离宫别馆和园林为为欧洲其他国家所仿效。

例如凡尔赛宫。凡尔赛宫是法国国王路易十四到路易十六的王宫，一直是欧洲王室官邸的第一典范。该宫于 1661 年路易十四时期动工扩建，1689 年路易十五时期完工，至今已有 300 多年的历史。全宫占地 1110000m²，宫顶建筑摒弃了巴洛克的圆顶和法国传统的尖顶建筑风格，采用了平顶形式，显得端正而雄浑。凡尔赛宫的外观是严谨而又肃穆的古典主义风格，为标准的古典主义三段式处理，即将立面划分为纵、横三段，建筑左右对称，造型轮廓整齐、庄重雄伟，被称为是理性美的代表（见图 4-25）。

图 4-25　凡尔赛宫

但凡尔赛宫在内部的装饰上，是华丽的巴洛克风格，并发挥到了极致，少数厅堂为洛可可风格。现在凡尔赛宫已是举世闻名的游览胜地，参观人数每年达 200 多万。宫内收藏着大量珍贵的肖像画、雕塑、巨幅历史画以及其他艺术珍品。凡尔赛宫除供参观游览之外，法国总统和法国其他领导人也常在此会见或宴请来访各国国家首脑和外交使节。

4.6 巴洛克时期的设计

巴洛克是 17 世纪欧洲艺术的总称,发源于罗马,与反宗教改革的天主教教义关系密切。代表旧教的巴洛克风格仍以宫廷教会为中心,以雄壮华丽夸示其强大世俗权力的趣味性,表现宫殿的华丽。其特点是外形自由,追求动感,喜好使用富丽的装饰、雕刻和强烈的色彩,常用穿插的曲面和椭圆形空间来表现自由的思想和营造神秘的气氛。巴洛克的原意是奇异古怪,这是古典主义者对它离经叛道的建筑风格的称呼。这种风格在反对僵化的古典形式,追求自由奔放的格调和表达世俗情趣等方面起了重要作用,对城市广场、园林艺术以至文学艺术等领域都产生过影响,一度在欧洲广泛流行。凡尔赛宫中路易十四的镜厅(见图 4-26)豪华奢侈,是巴洛克风格的代表。

早期巴洛克家具的最主要特征是用来代替方木或旋木的腿,这种形式打破了历史上家具的稳定感,使人产生家具各部分都处于运动之中的错觉(见图 4-27)。这种带有夸张效果的运动感,很符合宫廷显贵们的口味,因此很快地成了风靡一时的潮流。后来的巴洛克家具上出现了宏大的涡形装饰,比扭曲形柱腿的运动感更为强烈,在运动中表现出一种热情和奔放的激情。此外,巴洛克家具强调家具本身的整体性和流动性,追求大的和谐韵律效果,舒适性也较强。但是,巴洛克的浮华和非理性特点一直受到非议。

图 4-26 凡尔赛宫镜厅

图 4-27 巴洛克风格的烛台

4.7 洛可可时期的设计

洛可可风格出现于 18 世纪法国古典主义后期,流行于法、德、奥地利等国。对于建筑艺术来说,洛可可主要是一种室内装饰风格。它是在反对法国古典主义艺术的逻辑性、易明性、理性的前提下出现的柔媚、细腻和纤巧的建筑风格。它的主要特点是一切围绕柔媚顺和来构图,特别喜爱使用曲线和圆形,尽可能避免方角,如房间或院落里不要方的墙角,除了圆的、椭圆的、长圆的外,多边形的也要修成大圆角,并常常在各种转角处用装饰线脚软化方角,用多变的并常常被装饰雕刻打断的曲线代替僵硬的水平线。

在装饰题材上,洛可可风格常常喜用各种草叶及蚌壳、蔷薇和棕榈。这些题材不但用在墙面和天花板上,也用在撑架、壁炉架、镜框、门窗框、家具腿和其他建筑部件上,并且极力模仿植物的自然状态;在装饰材料上,洛可可风格的建筑常以质感温软的木材取代过去常常使用的大理石,墙面上也不再出现古典程式,而代之以线脚繁复的镶板和数量特多的玻璃镜面;在色彩上,为了构成柔媚顺和,洛可可风格的建筑喜用娇嫩的色彩,如白色、金色、粉红色、嫩绿色、淡黄色。线脚多用金色，天花板常涂上天蓝色，还常常画上飘浮的白云。室内装潢通常以白色为底，利用花朵、草茎、棕榈、海浪、泡沫或贝壳等作为装饰的图案，带来一种异常纤巧、活泼的趣味，但却破坏了建筑均衡、庄重和安定的感觉，尤其是使用金、白、浅绿、粉红等刺眼的色彩，更令人眼花缭乱。这种繁琐、矫揉造作的风格，实在是装饰艺术的极端。洛可可风格反映了法国路易十五时代宫廷贵族的生活趣味，曾风靡欧洲。这种风格的代表作是巴黎苏俾士府邸公主沙龙和凡尔赛宫的王后居室（见图 4-28）。

图 4-28　凡尔赛宫的王后居室

洛可可风格在家具设计上鼎盛一时。洛可可风格不仅在法国古典家具的历史中占有重要的地位，也是最被现代人所推崇的一种风格。洛可可风格宛如中国的明代家具，以流畅的线条和唯美的造型著称。同时，洛可可风格更加带有女性的柔美，最明显的特点就是以芭蕾舞为原型的椅子腿（见图 4-29），可以看到那种秀气和高雅，那种融于家具当中的韵律美。直到今天，洛可可风格依然占据欧式家具的一部分（见图 4-30）。

图 4-29　路易十五时期洛可可风格的扶手椅

图 4-30　洛可可风格的欧式家具

4.8　早期工业化时代的设计

4.8.1　新古典主义的设计

18 世纪的欧洲，正值资本主义早期的启蒙运动时期。启蒙思想家们代表资产阶级各阶层的利益，极力倡导资产阶级"人性论"，宣扬"自由"、"平等"和"博爱" 正是这种对民主共和的向往，唤起了人们对古希腊、古罗马的礼赞。新兴资产阶级趁机借用古典的外衣扮演进步的英雄角色。而另一方面，18 世纪前的欧洲，巴洛克和洛可可建筑风格盛行一时，贵族生活日益腐化堕落，他们在建筑上大量使用繁琐的装饰和贵重金属的镶嵌，引起了新兴资产阶级的极端厌恶。因此，这些建筑风格在资产阶级看来显然束缚了建筑的创造性，不适合新时代的艺术观。

A　新古典复兴建筑

新古典复兴建筑追求古典风格和简洁、典雅、节制的品质以及"高贵的纯朴和壮穆的宏伟"。在建筑上追求建筑物体形的单纯、独立和完整，细节的朴实，形式的符合结构逻辑，并且减少纯装饰性的构件，显示了人们对于理性的向往。新古典在各国的发展虽然有共同之处，但多少也有些差异，大体上在法国是以罗马式样为主，而在英国、德国则是希腊式样较多。

在建筑方面，古罗马的广场、凯旋门和记功柱等纪念性建筑成为效仿的榜样。当时的考古学取得了很多成绩，古希腊、古罗马建筑艺术珍品大量出土，为这种思想的实现提供了良好的条件。采用古典复兴建筑风格的主要是国会、法院、银行、交易所、博物馆、剧院等公共建筑和一些纪念性建筑。代表建筑有巴黎凯旋门、德国布兰登堡城门、美国国会大厦。这种建筑风格对一般的住宅、教堂、学校等影响不大。

图 4-31　美国国会大厦

例如新罗马风格的美国国会大厦。美国独立以前，建筑造型多采用欧洲式样，称为"殖民时期风格"。独立以后，美国资产阶级在摆脱殖民统治的同时，力图摆脱建筑上的"殖民时期风格"，并借助于希腊、罗马的古典建筑来表现民主、自由、光荣和独立，因而古典复兴建筑在美国盛极一时。美国国会大厦（见图 4-31）就是仿照巴黎万神庙的罗马式风格建造的。

又如新希腊主义风格的布兰登堡城门。德国建筑家卡尔·兰格汉斯为佛里德里克大帝在柏林设计的布兰登堡城门（见图 4-32），是典型的新希腊主义风格，仿照雅典卫城山门（见图 4-33）建造。这座在冷战时期屹立在东、西柏林之间的城门，吸引了世界的注意，成为战后政

图 4-32　德国布兰登堡城门

图 4-33　雅典卫城山门

治的一个象征。

　　B　新古典风格家具

　　新古典家具的特点是放弃了洛可可式过分
矫饰的曲线和华丽的装饰，追求合理的结构和
简洁的形式，构件和细部装饰喜用古典建筑式
的部件。英国的谢拉顿(George Sheraton,1751 ~
1806 年)是当时新古典的家具大师。他的椅子
设计重点装饰放置于靠背上，而且变化很多，
但椅腿却很少有曲线装饰，表现出单纯的结构
感（见图 4-34）。谢拉顿于 1791 年出版的《家
具制造师与包衬师图集》和 1802 年出版的《家

图 4-34　谢拉顿设计的古典椅子

具辞典》是家具设计的百科全书，对整个家具界贡献巨大。

4.8.2　浪漫主义的设计

　　浪漫主义源于工业革命后的英国，一开始就带有反抗资本主义制度与大工业生产的情绪。
它回避现实，向往中世纪的世界观，崇尚传统的文化艺术，在要求发扬个性自由提倡自然天性
的同时，用中世纪艺术的自然形式来对抗机器产品，又被称为"哥特复兴风格"。浪漫主义追
求非凡的趣味和异国情调，特别是东方的情调。由于浪漫主义反对工业化生产，也就无法解决
工业条件下的设计问题，并且对后来反对机械化的英国工艺美术运动产生了深远影响。代表建
筑有英国议会大厦、伦敦圣吉尔斯教堂和曼彻斯特市政厅等。

　　例如英国议会大厦。虽然很多人质
疑，从实用与功能的角度出发，英国议
会大厦（见图 4-35）没有必要在建筑的
外形上突出很多的尖塔和塔楼，但对于
设计师普金来说，之所以采用哥特式风
格，不是因为它的形式独特，而是它符
合他提出的设计要求。英国议会大厦采
用的是亨利第五时期的哥特垂直式风格，
原因就在于亨利五世（1387 ~ 1422 年）
时英国曾一度征服法国。采用这种风格
象征着民族的自豪感，也是这一时期日
渐强盛的民族实力的真实写照。

　　浪漫主义建筑主要限于教堂、大学、
市政厅等中世纪就有的建筑类型。它在

图 4-35　英国议会大厦

各个国家的发展不尽相同。大体说来，在英国、德国流行较早较广，而在法国、意大利则不太
流行。美国步欧洲建筑的后尘，因此浪漫主义建筑一度流行，尤其是在大学和教堂等建筑中。
耶鲁大学的老校舍就带有欧洲中世纪城堡式的哥特建筑风格，它的法学院和校图书馆则是典型
的哥特复兴建筑。

4.8.3　折衷主义的设计

　　折衷主义是 19 世纪上半叶至 20 世纪初流行于欧美的一种建筑风格。折衷主义任意模仿或

自由组合历史上的各种建筑风格，不讲求固定的法式，只讲求比例均衡，注重纯形式美。

例如巴黎歌剧院。巴黎歌剧院(Paris Opera,1874年)是法兰西第二帝国的重要纪念物。歌剧院建筑面积约11400m²，可容纳约2160名观众。观众厅的包厢有5层，舞台面积约55m×55m，舞台顶部高度达60m，观众休息厅长54m，宽13m，顶棚高18m。歌剧院内部空间变化丰富，其中著名的，如大楼梯间等，以巴洛克风格为基调，采用了来自世界各地的各种名贵石材和金属等作装饰材料，极为华丽辉煌。歌剧院正立面仿意大利晚期巴洛克建筑风格，采用了繁琐的雕饰，对欧洲各国建筑有很大影响（见图4-36）。

巴黎歌剧院的一层为拱廊，装饰有象征音乐、舞蹈和诗歌等艺术的雕刻；二层为柱高10m的科林斯式双柱廊，具有文艺复兴和巴洛克建筑的混合风格。简而言之，巴黎歌剧院是在现代主义建筑时代之前，世界上规模最大、功能最完善、装饰最华丽的剧院建筑。休息大厅（见图4-37）里面装潢极尽豪华，四壁和廊柱布满巴洛克式的雕塑、挂灯、绘画，与凡尔赛宫里面的镜廊比起来也有过之而无不及。巴黎歌剧院也是著名的歌剧院魅影发生的地方。在歌剧院的最低层，有一个容量约4900m³、深2m的蓄水池，这个水池是当年在修建歌剧院发掘地下室的时候，不小心碰到地下水形成的。当时的建筑师加尼叶花了8个月的时间把所有的水抽干，但是为了使建筑物的地基坚固，他设计的地下室的墙和地板都采用了双层的防水结构。这一无心插柳的设计反而成为这座建筑的一大特色。

图4-36 巴黎歌剧院　　　　　图4-37 巴黎歌剧院休息大厅

4.8.4 新艺术运动

新艺术运动的发源地是比利时，比利时是欧洲大陆工业化最早的国家之一，工业制品的艺术质量问题在那里比较尖锐。19世纪初以来，比利时首都布鲁塞尔就已是欧洲文化和艺术的一个中心，并在那里产生了一些典型的新艺术作品。新艺术风格的变化是很广泛的，在不同国家、不同学派具有不同的特点，使用不同的技巧和材料也会有不同的表现方式。既有非常朴素的直线或方格网的平面构图，也有极富装饰性的三度空间的优美造型。但新艺术运动的实际作品很少完全实现其理想，有时甚至陷于猎奇的手法主义。新艺术风格把主要重点放在动、植物的生命形态模仿上，坚持一幢建筑或一件产品都应是一件和谐完整的杰作。但设计师却不可能抛弃结构原则，其结果往往是表面上的装饰，流于肤浅的"为艺术而艺术"。新艺术在本质上仍是一场装饰运动，但它用抽象的自然花纹与曲线，脱掉了守旧、折衷的外衣，是现代设计简化和净化过程中的重要步骤之一。新艺术运动的代表人物有霍尔塔、吉马德、戈地和麦金托什等。

a　霍尔塔（Victor Horata，1867～1947 年）

霍尔塔是比利时建筑师，新艺术运动最富代表性的人物，在建筑与室内设计中喜用"比利时线条"或"鞭线"，即喜用葡萄蔓般相互缠绕和螺旋扭曲的线条，起伏有力。这些线条的起伏，常常是与结构或构造相联系的。霍尔塔于 1893 年设计的布鲁塞尔都灵路 12 号住宅成为新艺术风格的经典作品（见图 4-38）。他不仅将他创造的独特而优美的线条用于上流社会，也毫不犹豫地将其应用到了为广大民众所使用的建筑上，且不牺牲它优美与雅致的特点。

图 4-38　布鲁塞尔都灵路 12 号住宅

b　吉马德（Hector Guimard，1867～1942 年）

吉马德是法国新艺术的代表人物，代表作主要是 3 个地铁站入口：Abbesses、Porte Dauphine 和 Place St. Opportune，尤其是蒙马特脚下的 Abbesses 站和该区浓烈的艺术和老巴黎气息融为一体，已经在 1970 年被列入法国一级古迹保护。Abbesses 站口的栏杆和主架是生铁浇铸的蔬果造型，支撑着以透明玻璃和锻铁织成的双坡顶。前端坡顶微倾向空，如同蕾丝；下部两端上翘，形成一个"M"造型，也就是巴黎地铁的图腾，被称为"地铁风格"，与"比利时线条"颇为相似（见图 4-39）。

c　戈地（Antoni Gaudi，1852～1926 年）

戈地是西班牙最有名的建筑师之一，善于将传统与现代融为一体，并以技术手法大胆创新以及对明艳、风格独特和富有创造性的装饰品的使用而著称。他于 1904 年至 1910 年间设计的米拉公寓，被世界教科文组织列为世界文化遗产。米拉公寓（见图 4-40）的整个结构由一种蜿蜒蛇曲的动势支配，体现了一种生命的动感，宛如一尊巨大的抽象雕塑，极具浪漫的塑性艺术特色，标志着戈地个人风格的形成。戈地设计的神圣家族大教堂也成了巴塞罗那市的标志性建筑。

图 4-39　巴黎地铁入口处

图 4-40　戈地设计的米拉公寓

d　麦金托什（Charles R. Mackintosh，1868～1928 年）

如果说霍尔塔和吉马德设计的主旋律是采用卷曲起伏的"鞭线"，那么麦金托什设计的主调则是采用一种高直、清瘦的茎状垂直线条，体现植物垂直向上生长的活力。1897年至1899年间，麦金托什设计了格拉斯哥艺术学校大楼及其主要房间的全部家具和室内陈设，获得了极大成功，使他被公认为新艺术运动在英伦三岛唯一的杰出人物和19世纪后期最富创造性的建筑师、设计师。从外观上看，格拉斯哥艺术学校大楼建筑带有新哥特式简练、垂直的线条，而其室内设计却反映了新艺术的特点，展示了麦金托什的全部天才。1898年，麦金托什设计了克莱丝顿小姐（Miss Cranston）为禁酒而开设的一系列茶厅，其装饰手法以及新颖的家具赋予了这些茶厅一种商业性的标记，这正是现代工业设计师所应做到的。此外，他还为克莱丝顿小姐设计了著名的希尔住宅，这座住宅的建筑和室内设计都颇有影响。

　　麦金托什一生中设计了大量家具、餐具和其他家用产品，他的这些设计作品都具有高直的风格（见图4-41）。但他的作品也反映出有时对于形式的追求也会影响到产品的结构与功能。他所设计的著名的椅子一般都是坐起来不舒服的，并常常暴露出实际结构的缺陷，其在制造方法上也无技术性创新。为了缓和刻板的几何形式，麦金托什常常在油漆的家具上绘制几枝程式化了的红玫瑰花饰。在这一点上，他与工艺美术运动的传统相距甚远。

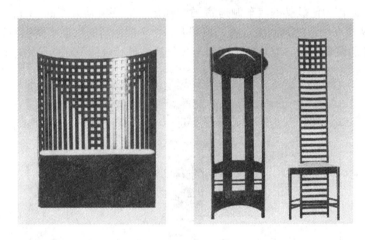

图4-41　麦金托什设计的高直椅

4.8.5　装饰艺术运动

　　希利埃（Bevis Hillier）在《艺术装饰风格》一书中写道："艺术装饰风格是一种明确的现代风格，发展于20世纪20年代，于1920年在巴黎首度出现，在20世纪30年代达到顶峰。它从各种源泉中获取了灵感，包括新艺术较为严谨的方面、立体主义和俄国芭蕾、美洲印第安艺术以及包豪斯。与新古典一样，它是一种规范化的风格，不同于洛可可和新艺术。它趋于几何又不强调对称，趋于直线又不囿于直线，并满足机器生产和塑料、钢筋混凝土、玻璃一类新材料的要求。它最终的目标是通过使艺术家们掌握手工艺和使设计适应于批量生产的需要来结束艺术与工业之间旧有的冲突和艺术家与手工艺人之间旧有的势利差别。"

　　装饰艺术这种"摩登"风格在20世纪30年代由法国影响到了其他欧洲国家，其金字塔状的台阶式构图和放射状线条等艺术装饰风格的典型造型语言被作为"现代感"的标志而在到处使用。在美国，装饰艺术风格被好莱坞发展成了一种以迷人、豪华、夸张为特色的所谓"爵士摩登"（Jazz Moderne），并被批量生产所采用，波及了20世纪30年代早期从建筑到日常生活用品的各个方面，成为人们逃避经济大萧条的一剂药方。

　　装饰艺术风格是一种明确的现代风格,它从各种源泉中吸取了灵感,包括新艺术、俄国芭蕾、美洲印第安艺术。DECO(decoration 的缩写,即装饰艺术)的设计者接受了机械和动力带来的灵感,使用现代材料,例如塑料和合金、纺织品和珍贵宝石,使他们的设计中充满了几何图案(圆周、锯齿形、正方形)、明亮的颜色和几乎任何暗示着速度的事物。DECO 里包含着活力和能量,以及魅力和华贵。它是伴随着人类现代工业化的到来而出现的,被普遍认为是现代主义的一种早期形式。

　　尽管艺术装饰带有与现代主义理论不相宜的商业气息,且与先前设计中的矫揉造作之风并无本质上的区别,但市场表明它作为象征现代化生活的风格被消费者接受了。大规模的生产和新材料的应用使它成为百姓力所能及享用的艺术风格并广为流行,直到 20 世纪 30 年代后期装饰艺术风格才逐渐被另一种现代流行风格——流线型风格所取代。例如克莱斯勒大厦(Chrysler Building)。

　　克莱斯勒大厦建于 1926 年至 1931 年,坐落在美国纽约市,是世界上第一座摩天大楼,高度超过 305m(见图 4-42)。沃尔特.P.克莱斯勒要求将该大厦建造成看上去与汽车散热器帽盖的装饰物一样,以作为他显赫的汽车制造帝国的标记。克莱斯勒大厦的 31 层有汽车图案装饰的彩色屋檐,59 层有鹰形的钢制滴水嘴,顶部有一个 7 层楼高的拱形不锈钢吊顶。楼身布有三角形的窗户,还隐藏着钢筋。克莱斯勒大厦至今仍然是最壮观的 DECO 风格建筑。

图 4-42　克莱斯勒大厦

　　大楼顶部以新世纪简约主义(Art Deco)风格的金属装饰,呈现几何状和流线型。这种建筑风格中最流行的图案之一是阳光四射形图案。该图案被用来布置大厦顶部的窗户。由于楼顶用不锈钢来覆盖,在阳光的反射下闪闪发光,更增添了大楼的魅力。而且不论在白天或夜晚楼顶都闪闪发光,以独特的造型远远地吸引着人们的目光。克莱斯勒大厦也是全球第一栋将不锈钢建材运用在外观的建筑,大楼顶端酷似太阳光束的设计仿造 1930 年一款克莱斯勒汽车的冷却器盖子。大楼顶部设计以汽车轮胎为构想,五排不锈钢的拱形往上逐渐缩小,每排拱形镶嵌三角窗,三角窗呈锯齿状的排列。总之,高耸的尖塔与顶部是这栋不朽建筑的焦点。

4.9　现代主义设计

　　现代主义产生于 19 世纪后期,成熟于 20 世纪 20 年代,在 20 世纪五六十年代风行全世界。

现代主义首先起源于对机器的承认,机器既是以批量生产方式产生理性的现代设计的源泉,其本身也是一种进步的象征。20世纪之前,当机器及其产品成为消费品而进入家庭环境时,它们往往要借助于传统的装饰。而现代主义则认为机器应该用自己的语言来自我表达,也就是说任何产品的视觉特征应由其本身的结构和机械的内部逻辑来确定。在产品设计上,这种思想通常是以象征效率的风格来体现的。

功能主义最有影响的口号是"形式追随功能",强调功能对于形式的决定作用。而理性主义则是以严格的理性思考取代感性冲动,以科学的、客观的分析为基础来进行设计,尽可能减少设计中的个人意识,从而提高产品的效率和经济性。需要注意的是,现代主义并不是功能主义,也不等于理性主义,它具有更加广泛的意义,现代主义的代表人物也反对这些名称。

现代主义建筑的代表人物提倡新的建筑美学原则,摆脱传统建筑形式的束缚,大胆创造适应于工业化社会的条件、要求的崭新建筑。建筑美学原则包括表现手法和建造手段的统一;建筑形体和内部功能的配合;建筑形象的逻辑性;灵活均衡的非对称构图;简洁的处理手法和纯净的体型;在建筑艺术中吸取视觉艺术的新成果。

4.9.1 柯布西耶与机器美学

勒·柯布西耶(Le Corbusier)是对现代美学做出最大贡献的建筑师和设计师。他强调机械的美,高度赞扬飞机、汽车和轮船等新科技结晶。他1923年出版的《走向新建筑》一书中最受非议的一句名言就是"住房是居住的机器"。柯布西耶主张用机器的理性精神来创造一种满足人类实用要求、功能完美的"居住机器",并大力提倡工业化的建筑体系。他的一些建筑设计采用了机器的造型,如模仿轮船、飞机的部件等,但它们与机器的功能及效率并无关系。这些设计把机器美学推向了高峰。柯布西耶的代表作品有马塞公寓、朗香教堂。

例如朗香教堂。朗香教堂是一座位于群山之中的小天主教堂,它突破了几千年来天主教堂的所有形制,超常变形,怪诞神秘,如岩石般稳重地屹立在群山环绕的一处被视为圣地的山丘之上(见图4-43)。朗香教堂建成之时,即获得世界建筑界的广泛赞誉。它表现了勒氏后期对建筑艺术独特理解、娴熟驾驭体形的技艺和对光的处理能力。无论人们赞赏与否,都得承认勒·柯布西耶非凡的艺术想象力和创造力。

图 4-43 勒·柯布西耶设计的朗香教堂

勒·柯布西耶接受重建朗香教堂的工程之后,采用了一种雕塑化而且奇特的设计方案。教堂南面的墙被称为"光墙",这个墙墙体很厚,上面留有一些不规则的空洞。空洞室外开口小，而室内开口大，比例奇特，靠外墙的部分装上了教堂里常用的彩色玻璃。同时，墙体和屋顶的连接并不是无缝的，而是有一定的间隙，教堂的三个弧形塔把屋顶的自然光引入室内。这些做法使室内产生非常奇特的光线效果，因而产生了一种神秘感。主礼拜堂位于教堂东面，这是符合基督教义的，这个礼拜堂可以容纳 50 个人。

朗香教堂的屋顶东南高西北低，显出东南转角挺拔奔昂的气势。这个坡度很大的屋顶有收集雨水的功能，屋顶的雨水全部流向西北水口，经过一个伸出的泻水管注入地面的水池。教堂的三个竖塔上开有侧高窗。朗香教堂以一种奇特的歪曲造型隐喻超常的精神，它要求简单造价不高，是一个表意性建筑。

4.9.2　风格派

风格派是 1917 年至 1931 年间一场松散的建筑、产品、室内等设计领域的运动，没有具体的组织形式。它的一些主要成员彼此接触不多，甚至从未谋面，但他们有相似的美学观念。风格派艺术家们主要通过 1917 年在莱顿城创建的名为《风格》的月刊交流各自的理想，风格派由此而得名。风格派用几何形象的构图和抽象的语言来表现宇宙的基本法则——和谐，对世界现代主义的风格形成有很大的影响作用。它的简单的几何形式、以中性色（白、黑、灰）为主的色彩计划，以及立体主义造型和理性主义的结构特征，在两次世界大战之间成为国际主义风格的标准符号。

风格派作品的特征：

（1）把传统的建筑、家具和产品设计、绘画、雕塑的特征完全剥除，变成最基本的集合结构单体或者称为元素。

（2）把这些几何结构单体进行结构组合，形成简单的结构组合，但在新的结构组合当中，单体依然保持相对的独立性和鲜明的可视性。

（3）对于非对称进行深入研究并运用。

（4）非常特别地反复应用横纵几何结构、基本原色和中性色。

以上几点特征可以很清晰地从风格派代表人物蒙德里安和里特维尔德的作品中看出。

a　蒙德里安（Piet Mondrian,1872～1944 年）

蒙德里安是荷兰画家，抽象风格派最核心的人物，对后代的建筑、设计等影响很大。他主张排除主观情绪和意志的影响，理性地将自然物象的形和色转化为纯抽象的视觉语言，产生冷静、明朗、精确和均衡之美感。他在画面中排除曲线，采用纵横的直线来分割画面，用正方形、长方形等结构比例和红、黄、蓝、黑、白等色彩变化，以及非对称的构图，使画面达到视觉上的和谐。

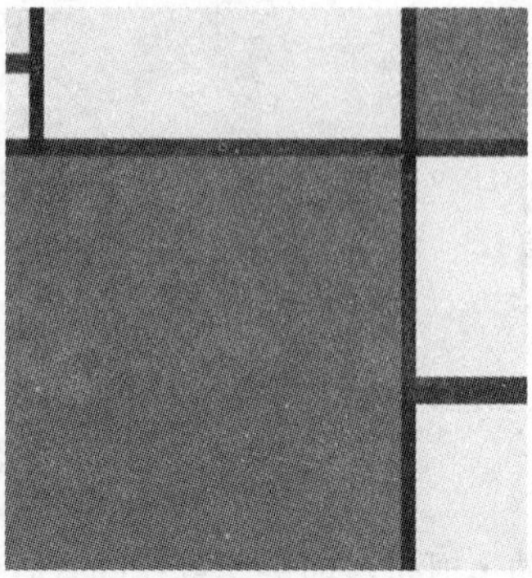

1930 年的《红黄蓝的构成》（见图 4-44）是蒙德里安几何抽象风格的代表作之一。画中粗重的黑色线条控制着七个大小不同的矩形，形成非常简洁的结构。画面主导是左下方那块鲜亮的红色，不仅面积巨大，而且色度极为饱和。右上方的一小块蓝色、左上方的一点点黄色与四块灰白色有效配合，牢牢控制住红色正方形在画面上的平衡。在这里除了三原色之外，再无其他色彩；除了垂直线和水平线之外，再无其他线条；除了直角与方块，再无其他形状。巧妙的分割与组合，使平面抽象成为一个有节奏、有动感的

图 4-44　蒙德里安的《红黄蓝的构成》

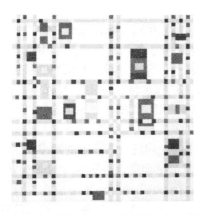

图 4-45 蒙德里安的《百老汇爵士乐》

画面，从而实现了蒙德里安的几何抽象原则，"借由绘画的基本元素：直线和直角（水平与垂直）、三原色（红黄蓝）和三个非色素（白灰黑），这些有限的图案意义与抽象相互结合，象征构成自然的力量和自然本身。"

《百老汇爵士乐》（见图 4-45）是蒙德里安在纽约时期的重要作品，也是其一生中最后一件完成的作品，它明显地反映出现代都市的新气息。作品中依然是直线，但不是冷峻严肃的黑色界线，而是活泼跳动的彩色界线，它们由小小的长短不一的彩色矩形组成，分割和控制着画面；依然是原色，但不再受到黑线的约束，它们以明亮的黄色为主，并与

红、蓝间杂在一起形成缤纷彩线，彩线间又散布着红、黄、蓝色块，营造出节奏变换和频率震动。看上去，这幅画比以往任何一件作品更为明快和亮丽。它既是充满节奏感的爵士乐，又仿佛夜幕下办公楼及街道上不灭灯光的纵横闪烁。这是蒙德里安艺术生涯的最后一个新发展。1944 年 2 月，蒙德里安因严重肺炎而去世。

b 里特维尔德（Gerrit Rietveld，1888～1964 年）

里特维尔德是荷兰著名的建筑与工业设计大师、风格派的重要代表人物。他将风格派艺术由平面推广到三度空间，使用简洁的基本形式和三原色创造优美而功能性强的建筑与家具。他的代表作——红蓝椅（见图 4-46），在艺术史上难以找到一件相比拟的作品能如此完美地体现一种艺术理论，被纽约现代博物馆永久收藏。红蓝椅由机制木条和层压板构成，13 根木条相互垂直，形成了基本的结构空间，各个构件间用螺钉紧固搭接而不用榫接，以免破坏构件的完整性。椅的靠背为红色的，坐垫为蓝色的，木条漆成黑色。木条的端部漆成黄色，以表示木条只是连续延伸的构件中的一个片断而已。红蓝椅既是一把椅子，也是一件雕塑，尽管坐上去并不十分舒服，但根据设计者的最初目的，它还是具有相当的功能性。

图 4-46 里特维尔德设计的红蓝椅

4.9.3 芝加哥学派

19 世纪 70 年代，正当欧洲的设计师在为设计中的艺术与技术、伦理与美学以及装饰与功能的关系而困惑时，在美国的建筑界却兴起了一个重要的流派——芝加哥学派。这个学派突出了功能在建筑设计中的主导地位，明确了功能与形式的主从关系，力图摆脱折衷主义的羁绊，使之符合新时代工业化的精神。

在美国南北战争之后，芝加哥就变成了美国铁路中心，因此其城市发展很快。1871 年芝加哥发生大火，三分之二的房屋被毁，重建工作吸引了来自美国各地的建筑师。为了在有限的市中心区内建造更多房屋，现代高层建筑开始在芝加哥出现。在采用钢铁等新材料以及高层框架等新技术建造摩天大楼的过程中，芝加哥的建筑师们逐渐形成了趋向简洁独创的风格，芝加哥学派应运而生。

a　沙利文（Louis H. Sullivan，1856～1924 年）

沙利文是芝加哥学派的中坚人物和理论家。19 世纪八九十年代，他提出的"形式随从功能"的口号，成为现代设计运动最有影响力的信条之一。此外，他还认为"功能不变，形式就不变"。沙利文根据功能特征把他设计的高层办公楼建筑外形分成三段：底层和二层功能相似为一段，上面各层是办公室为一段，顶部设备层为一段。这成了当时高层办公楼的典型。沙利文认为建筑设计应该由内而外，并且必须反映建筑形式与使用功能的一致性。这同当时学院派主张按传统式样而不考虑功能特点的设计思想完全不同。

不过，在沙利文身上同样可以看到莫里斯所体现出来的在理论与实践上的两重性。在理论上，沙利文声称形式追随功能，但实际上他的作品并非都是如此。沙利文十分偏爱装饰，尤其特别喜欢自然纹样的装饰，这一点上他与欧洲的同行们并无两样。他的室内设计更是装饰繁复，且这些装饰与功能并无多少联系。造成这种两重性的原因主要是沙利文的理论大多是他在 1893 年芝加哥哥伦比亚博览会上受冷落之后形成的。当时欧洲现代建筑的趋势已见端倪，并传到了美国，他的著作便着意强调"功能主义"，以标榜自己的"先见之明"。但无论如何，沙利文的理论对于现代设计向功能主义发展起了重要作用。他本人在芝加哥学派衰落之后，于 1899 年设计的芝加哥施莱辛格-马耶百货公司大厦完全体现了他的建筑理论，达到了 19 世纪高层建筑设计的高峰。施莱辛格-马耶百货公司大厦的特点是注重内部功能，强调结构的逻辑表现，立面简洁明确，并采用了整齐排列的大片玻璃窗，突破了传统建筑的沉闷感（见图4-47）。

b　莱特（Frank L. Wright，1869～1959 年）

莱特是第二代芝加哥学派中最负盛名的人物——沙利文的学生、美国最著名的建筑大师，在世界上享有盛誉。莱特一生设计了大大小小两万多座建筑，目前仅 700 余座完工，直到今天，他的设计图仍被陆续采用，业已完成的建筑纷纷被列入"国家历史地标"，规定屋主不准拆除，不许改建，只能完全依照原来的模样维修。20 世纪 80 年代末，达美乐比萨店的老板以 160 万美元的惊人价格买下了由莱特设计的包括桌椅（见图 4-48）、餐具在内的一套餐室，而 2002 年 12 月 10 日的纽约佳士得拍卖会上，一盏莱特设计的台灯卖到近 200 万美元的天价。他设计的许多建筑受到普遍的赞扬，是现代建筑中的瑰宝。莱特对现代建筑有很大的影响，但他的建筑思想和欧洲新建筑运动的代表人物有明显的差别，走的是一条独特

图 4-47　沙利文设计的施莱
辛格-马耶百货公司大厦

图 4-48　莱特设计的桌椅

的道路。

有机整体是指建筑的功能、结构、适当的装饰以及建筑的环境融为一体，使建筑的每一个细小部分都与整体相协调，形成一种适于现代的艺术表现。1936年莱特为卡夫曼家族设计的流水别墅（见图4-49），创造了一种前所未有的动人建筑景象，成了他"有机建筑"思想的典型作品。流水别墅建造在瀑布之上，实现了莱特"方山之宅"（house on the mesa）的梦想。别墅悬的楼板锚固在后面的自然山石上，主要的一层几乎是一个完整的大房间，并且通过空间处理而形成相互流通的各种从属空间，有小梯与下面的水池联系。别墅正面在窗台与天棚之间，是一金属窗框的大玻璃，虚实对比十分强烈。流水别墅整个构思是大胆的，成为无与伦比的世界最著名的现代建筑。

图 4-49 莱特设计的流水别墅

4.10 后工业社会的多元化设计

20世纪60年代以后，设计观念的变化、市场的变化以及工业技术的变化为设计多元化格局的发展铺平了道路。前英国设计协会主席佩利（Poul Peilly）在1967年指出："我们正从依赖于永恒的、万能的价值观，转变到承认这样一个事实，即在特定的时间内，为特定的目的，一个设计才有可能是有生命力的。"也正是从此时开始，过去的标准化大批量生产开始转变为小批量多样化发展。

4.10.1 理性主义与"无名性设计"

20世纪60年代以来，以"无名性"为特征的理性主义设计开始被国际上一些引导潮流的大设计集团采用，如荷兰的飞利浦公司、日本的索尼公司、德国的布劳恩公司等。对这些大公司来说，"无名性"设计更适于批量生产的物品，因为在批量生产中，形式常常不得不对市场和生产技术让步。"无名性"用设计科学来指导设计，减少设计中的主观意识，不追求任何表面的个人风格；不注重艺术与技术的结合，社会学和技术成了设计的决定因素。在办公机器设计上"无名性"更为明显，由于这些产品的设计不强调个性风格，而是强调产品的内在使用质量和生产工艺，因而使同类产品在造型上彼此雷同，若非内行，很难从外观造型上判别出生产厂家。这种"无名性"设计在很大程度上代表着工业设计的主流，其影响一直延续至今。丹麦设计师安德瑞生（Henning Andreasen）在20世纪70年代设计的F78型电话机是理性设计的典型（见图4-50）。机身的基本形状和按键的布置是按人机工程学原理确定的，结构紧凑，外观规整朴素，没有任何夸张以体现设计师个性的成分，这一设计获得了1976年丹麦工业设计奖。

图 4-50 安德瑞生设计的 F78 型电话

4.10.2 波普风格

波普是一场风格前卫而又面向大众的设计运动，

20 世纪 60 年代兴起于英国并波及欧美。"波普"一词源于英语的 Popular，有大众化、通俗、流行之意。波普是一种大批量生产和机器复制所产生的文化，在设计中强调新奇与独特，因此大胆采用艳俗的色彩与生活中常见的事物结合。波普代表着 20 世纪 60 年代工业设计追求形式上的异化及娱乐化的表现主义倾向，反映了当时西方社会中成长起来的青年一代的文化观、消费观及其反传统的思想意识和审美趣味。

安迪·沃霍尔被誉为 20 世纪艺术界最有名的人物之一，是波普艺术的倡导者和领袖，也是对波普艺术影响最大的艺术家。20 世纪 60 年代，安迪·沃霍尔开始摒弃以前传统的作画方式，而将商业上的照相凸版印刷技术以及丝网印刷技术运用到绘画上，将汤罐头、可口可乐瓶、玛丽莲·梦露的嘴唇重叠并反复使用，形成一种艺术时尚。

《玛丽莲·梦露》是安迪·沃霍尔 1962 年最典型的代表作（见图 4-51）。画家故意把印刷过程分成两部分展现：右半边是印刷的第一道黑线效果；左半边是用丙烯色套印的彩色效果。并仿效廉价印刷品的低质量效果，使镂版定线不精确，造成套色错位，以加强其低俗的性质。电影红星玛丽莲·梦露照片的泛滥，也和可口可乐广告的泛滥一样，标志着当时美国社会大众的趣味。那色彩简单、整齐单调的一个个梦露头像，反映出现代商业化社会中人们无可奈何的空虚与迷惘。

波普风格在不同国家有不同的形式。如美国电话公司就采用了美国最流行的米老鼠形象来设计电话机。意大利的波普设计则体现出软雕塑的特点，如把沙发设计成嘴唇状，或做成一只大手套的样式（见图 4-52）。

 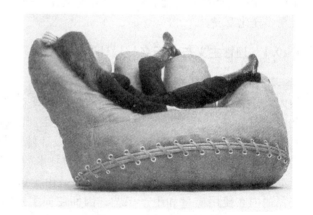

图 4-51　安迪·沃霍尔的《玛丽莲·梦露》　　　　　图 4-52　波普风格的手套椅

4.10.3　高技术风格

高技术风格的发展与 20 世纪 50 年代末以电子工业为代表的高科技迅速发展分不开。"高技术"风格在 20 世纪六七十年代曾风行一时，并一直波及 20 世纪 80 年代初。其主要特征是采用高新技术，结构外露，信息密集。但是"高技术"风格由于过度重视技术和时代的体现，把装饰压到了最低限度，因而显得冷漠而缺乏人情味，常常招致非议。

例如巴黎蓬皮杜国家艺术与文化中心。英国建筑师皮阿诺(Reuzo Piano)和罗杰斯(Richard Rogers)于 1976 年在巴黎建成的"蓬皮杜国家艺术与文化中心"(Centre Georges Pompidou)是高技术风格最为轰动的作品（见图 4-53）。"这幢房屋既是一个灵活的容器，又是一个动态的交

图 4-53 巴黎蓬皮杜国家艺术与文化中心西立面

流中心。"蓬皮杜艺术与文化中心大楼不仅直率地表现了结构，而且连设备也全部暴露了。面向街道的东立面上挂满了五颜六色的各种"管道"，红色的为交通系统，绿色的为供水系统，蓝色的为空调系统，黄色的为供电系统。面向广场的西立面是几条有机玻璃的巨龙，一条由底层蜿蜒而上的是自动扶梯，几条水平方向的是外走廊。此外，蓬皮杜中心设有工业设计部，经常性地举办工业设计展览，并陈列一些著名的设计作品。这些展览、陈列与这座建筑物本身都对工业设计产生了重大影响。

在家用电器特别是在电子类电器的设计中，高技术风格也很突出，其主要特点是强调技术信息的密集，面板上密布繁多的控制键和显示仪表。造型上多采用方块和直线，色彩仅用黑色和白色。这样就使家电产品看上去像一台高度专业水平的科技仪器，以满足一部分人向往高技术的心理（见图 4-54）。

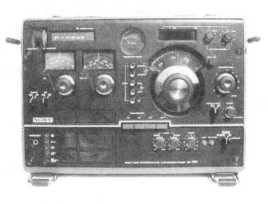

图 4-54 SONY 的 CRF-320A 收音机

4.10.4 后现代主义

20 世纪 60 年代，西方进入"丰裕社会"时代，人们的消费观念从讲究结实耐用转向求新求异。现代主义设计风格长期以单调、沉闷、冷漠的形式充斥城市，使人们渴望出现变化。随着经济发展，形式单调的产品已不能适应多元化市场的需求和商业竞争，后现代主义设计应运而生。所谓"后现代"并不是指时间上处于"现代"之后，而是针对艺术风格的发展演变而言的。后现代主义反对杰出的现代主义设计大师凡德洛的"少即多"的设计原则，并提出"少即烦"的观点，认为设计不仅要实现功能要求，还必须使形式表现出丰富的视觉效果以满足消费者日益精致和多元化的审美需求。后现代主义的代表人物有文丘里、格雷夫斯等人，代表组织则是"孟菲斯"。

a 文丘里(Robert Venturi,1925~)

文丘里是奠定建筑设计方面后现代主义基础的第一人。他提出了"少就是乏味"，向"少就是多"的现代主义提出挑战。他把后现代主义的主要特征归结为三点，即文脉主义（Contex-tualism）、引喻主义（Allusionism）和装饰主义（Arnamentation）。栗子山母亲住宅（见图 4-55）是 1959 年文丘里为他母亲设计的私人住宅，由于是为自己家人设计的房子，文丘里大胆地做了理论上的探讨，使该住宅成为他《建筑的复杂性与矛盾性》著作的生动写照。

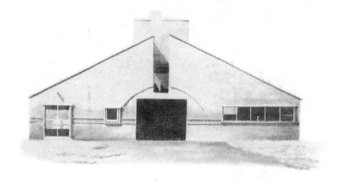

图 4-55　文丘里设计的栗子山母亲住宅

栗子山母亲住宅采用坡顶，而屋顶是传统概念上可以遮风挡雨的符号。住宅主立面总体上是对称的，细部处理则不对称。窗孔的大小和位置是根据内部功能的需要而确定的。山墙的正中央留有阴影缺口，似乎将建筑分为两半，而入口门洞上方装饰的弧线似乎又有意将左右两部分连为整体，这成为互相矛盾的处理手法。住宅平面的结构体系是简单的对称，功能布局在中轴线两侧则是不对称的。中央是开敞的起居厅，左边是卧室和卫浴，右边是餐厅、厨房和后院，这反映了古典对称布局与现代生活的矛盾。楼梯与壁炉，烟囱互相争夺中心则是细部处理的矛盾，解决此矛盾的方法是互相让步，烟囱微微偏向一侧，楼梯则是遇到烟囱后变狭，形成折中的方案。虽然楼梯不顺畅，但楼梯加宽部分的下方可以作为休息的空间，加宽的楼梯也可以放点东西。二楼的小暗楼虽然也很别扭，但可以擦洗高窗。既大又小指的是入口，门洞开口很大，凹廊进深很小。既开敞又封闭指的是二层后侧，开敞的半圆落地窗与高大的女儿墙。文丘里自称是"设计了一个大尺度的小住宅"，因为大尺度在立面上有利于取得对称效果，大尺度的对称在视觉效果上会淡化不对称的细部处理。平面上的大尺度可以减少隔墙使空间灵活、经济。

母亲住宅建成后在国际建筑界引起极大关注，山墙中央裂开的构图处理被称作"破山花"，这种处理一度成为"后现代建筑"的符号。母亲住宅是文丘里的实验性住宅，已成为经典作品，与《建筑的复杂性与矛盾性》一书一起载入现代建筑史册。

　　b　"孟菲斯"

后现代主义在设计界最有影响的组织是意大利一个名为"孟菲斯"（Memphis）的设计师集团。"孟菲斯"成立于 1980 年 12 月，由著名设计师索特萨斯和 7 名年轻设计师组成。孟菲斯原是埃及的一座古城，也是美国一个以摇滚乐而著名的城市。设计集团以此为名含有将传统文明与流行文化相结合的意思。"孟菲斯"成立后，队伍逐渐扩大，除了意大利外，还有美国、奥地利、西班牙及日本等国的设计师参加。1981 年 9 月，"孟菲斯"在米兰举行了一次设计展览，使国际设计界大为震惊。"孟菲斯"反对一切固有观念，反对将生活铸成固定模式。

　　"孟菲斯"的设计不少是家具一类的家用产品，其材料大多是纤维材料、塑料一类廉价的材料，表面饰有抽象的图案，而且布满产品整个表面。颜色上常常故意打破配色的常规，喜欢

图 4-56 "孟菲斯"设计的博古架

用一些明快、风趣、彩度高的明亮色调,特别是粉红、粉绿之类艳俗的色彩(见图4-56)。

c 格雷夫斯(Michael Graves,1934~)

美国艺术院在 1980 年 8 月把布鲁诺纪念奖发给 30 多位对艺术有贡献的人士,其中大多数是文学、美术和音乐方面的艺术家,只有一个人是设计师,这个设计师就是迈克尔·格雷夫斯。格雷夫斯是个全才,是奠定后现代主义建筑设计的重要人物之一。除了建筑,他还热衷于家具陈设,涉足用品、首饰、钟表及餐具设计,范围十分广泛。在美国,尤其在东海岸诸州,在钟表或服装店中,很容易看到格雷夫斯设计的物品出售,从耳环乃至电话机或是皮钱夹,都可能标明设计者是格雷夫斯。在迪斯尼乐园中,几万平方米的旅馆以及旅馆中的一切,几乎全是格氏的作品。除了大炮、坦克、潜水艇之外,大部分的产品格氏都愿涉足。他的设计讲究装饰的丰富、色彩的丰富以及历史风格的折衷表现。他的许多设计都被视为后现代主义代表性的作品,综合了画家和建筑师的双重技艺。

格雷夫斯为意大利 Alessi 公司设计了一系列具有后现代特色的金属餐具,如 1985 年设计的自鸣式水壶实用美观,获得了最大的成功,被认为是一件经典的后现代主义作品(见图4-57)。这把水壶具有一个最突出的特征,那就是在壶嘴处有一个初出茅庐的小鸟形象,当壶里的水烧开时,小鸟会发出口哨声,非常形象。格雷夫斯设计的自鸣式水壶上,有一条蓝色的拱形垫料,能保护手不被金属把的热量烫伤;水壶的底部很宽,这样能够使水迅速烧开,上面的壶口也很宽,便于清洗。尽管起初制造商认为格雷夫斯7.5 万美元的酬金过于昂贵,但当销量达到 150 万个时,证明了制造商引进生产这种水壶是一个明智的决定。意大利 Alessi 产品中唯一能够和格雷夫斯水壶的销量相提并论的,只有斯达克设计的柠檬榨汁机,然而柠檬榨汁机的售价却要便宜得多。

图 4-57 格雷夫斯设计的自鸣式水壶

4.10.5 解构主义

20 世纪 80 年代,随着后现代主义的浪潮走向式微,解构主义哲学开始被一些理论家和设计师认识和接受,并在 20 世纪末的设计界产生了较大的影响。解构主义是从构成主义的字眼中演化出来的,解构主义和构成主义在视觉元素上也有些相似之处,两者都试图强调设计的结构要素。不过构成主义强调的是结构的完整性、统一性,个体的构件是为总体的结构服务的;而解构主义则认为个体构件本身就是重要的,因而对单独个体的研究比对于整体结构的研究更重要。

解构主义是对正统原则、正统秩序的批判与否定。解构主义不仅否定了现代主义的重要组成部分之一的构成主义,而且也对古典的美学原则如和谐、统一、完美等提出了挑战。解构主义并不是随心所欲地设计,尽管不少解构主义的建筑貌似零乱,但它们都必须考虑到结构因素的可能性和室内外空间的功能要求。从这个意义上来说，解构主义不过是另一种形式的构成主义。

　　20 世纪 80 年代一位西方艺术家来华演出的一出哑剧，形象地说明了什么是解构主义。这位艺术家在用一把中提琴演奏了一段古典音乐之后，突然起身猛地将琴摔到地上，并狠狠地踩了一脚，然后他又很快地用提琴碎片在一块画布上粘贴出一幅抽象的绘画——一幅提琴解构重组的绘画。这样，原来完美、和谐的提琴造型已不复存在，而它留下的碎片在另一种艺术形式中得以重生。

　　例如毕尔巴鄂—古根海姆博物馆。1997 年，一座石破天惊的建筑杰作在西班牙中等城市毕尔巴鄂横空出世，它以奇美的造型、特异的结构和崭新的材料立刻获得全世界关注的目光，被报界惊呼为"一个奇迹"，称它是"世界上最有意义、最美丽的博物馆"。它就是古根海姆艺术博物馆（见图 4-58）。它的设计者是弗兰克·盖里（Frank O. Gehry），当今享誉世界的美国著名建筑大师，一生获奖无数，被称为是"建筑界的毕加

图 4-58　毕尔巴鄂—古根海姆博物馆

索"。但由于盖里总是逆风而行，总在颠覆人们的想象力，因此他那些前卫、激进、大胆的设计，常常遭到保守派们不断的批判和嘲讽。

　　毕尔巴鄂—古根海姆博物馆建设工程开始于 1993 年 10 月，总投资 1.35 亿美元，占地面积 32000 m²，内部共有 19 个展厅。建设工程开始之前，盖里仔细研究了这座城市的历史、环境和文化传统，为了体现博物馆"坚固而美观的魅力"，建筑材料除了使用砂岩和玻璃以外，还选用了精炼钢材和很少用于建筑的钛金属。现在人们看到博物馆外观那种熠熠生辉的效果，正是钛起到的作用，而且它们的厚度仅为 3mm。盖里将这些钛金属板设计成曲线和尖角的形状，但拼在一起就给人一种浑然天成的感觉。

　　盖里的设计反映出对整体的否定和对部件的关注，他的设计手法似乎是将建筑的整体肢解，然后重新组合，形成不完整、甚至支离破碎的空间造型。这种破碎产生了一种新的形式，并且具有更加丰富，也更为独特的表现力。与别的解构主义建筑师注重空间框架结构重组的手法不同，盖里的建筑更倾向于体块的分割与重构，他的毕尔巴鄂—古根海姆博物馆就是由几个粗重的体块相互碰撞、穿插而成的，并且体块的碰撞和穿插形成了扭曲而极富力感的空间。

4.10.6　个性化设计

　　进入 20 世纪 50 年代以后，现代主义在全世界流行并走向成熟。在其他风格或主义在某一时期某一地区交叠更替的同时，个性化设计也在建筑设计和产品设计领域占有重要的一席。个性化设计迎合了现代人特别是当代人强调个性、彰显不同的需求，以独特的造型语言展示独特的文化内涵和价值观，并没有统一的风格特征，直至现在。

　　例如悉尼歌剧院。据说是在 1950 年，澳大利亚新南威尔士州一群有见识的市民向州政府提出一个建议，认为像悉尼这样一座繁华美丽的城市，需要一个文化的提升，他们建议建造一座艺术中心，以促进文化表演事业的发展。这个创意经过政府酝酿，于 1954 年 12 月 30 日形

成决议——州政府决定在悉尼建造一座歌剧院。

1955年9月新南威尔士州总理卜希尔宣布，为保证歌剧院的水准，将举行一次世界范围的歌剧院设计竞赛。世界各国的建筑师纷纷施展了自己的聪明才智。竞赛到了结束阶段，建设委员会对来自32个国家的233份设计进行筛选，最后选出了3份，提请著名的美国建筑大师路艾·沙里宁审定。大师看了3份设计都不满意，问还有没有别的设计。又找来几份，他还是失望，以至于他把所有留存的方案都过了一遍，仍然没有他认为值得建造在悉尼的歌剧院方案。最后只好从废纸篓里寻找，终于找到了一份，沙里宁看了这份从废纸篓里找出来的东西，兴奋地喊起来："诸位，这就是头奖方案！"

悉尼歌剧院采纳的方案的设计灵感据说源自切开的橘子，也有人说是贝壳。三面临海的歌剧院如扬帆出海的船队，又像一枚枚巨大的白色贝壳矗立海滩。这份方案的设计者是丹麦38岁的建筑师琼·伍重(Jorn Utzon)。琼·伍重设计的仅仅是个草图，根本不像人们想像中的歌剧院风格，这可能就是他的设计方案在初选时就被淘汰的原因。世界就是这样，天才设计也会有被弃的命运。但是，这个从被弃命运中捡回来的草图，却造就了与印度泰姬陵、埃及金字塔比肩的世界顶级建筑的伟大辉煌。悉尼歌剧院于1959年3月动工，历时14载才于1973年10月落成（见图4-59），是20世纪建筑史上的奇迹。

又如伯瓷酒店。伯瓷酒店位于阿拉伯联合酋长国的第二大城市迪拜市，开业于1999年12月，建立在离海岸线280米处的人工岛(Jumeirah Beach Resort)上。伯瓷的工程总共花了5年的时间，其中2年半时间用在阿拉伯海填出人工岛，2年半时间用在建筑本身。伯瓷糅合了最新的建筑及工程科技，迷人的景致及造型使它看上去仿佛和天空融为一体（见图4-60）。由于伯瓷酒店是以水上的帆为外观造型，所以饭店到处都是与水有关的主题（也许在沙漠国家，水比金更彰显财力）。比如一进饭店门的两大喷水池，不时有不同的喷水方式，每一种皆经过精心设计，约15~20分钟就换一种喷法，跟水舞没什么两样。搭着电梯还可以欣赏高达十几米的水族箱，这使人很难相信外头就是炎热高温的阿拉伯沙漠。

图 4-59 悉尼歌剧院

图 4-60 伯瓷酒店

因为饭店设备实在太过高级，远远超过了五星级的标准，所以人们只好称它为七星级，不过该级别并未经权威鉴定机构认可。伯瓷酒店仅外壳及填海的费用就高达11亿美元，而整个酒店的造价更是相当于26吨黄金。饭店楼高超过300m，共27层，有202间房，均是复式。最小房间每天的住宿费为1500美元，而总统套房每天的住宿费高达2万多美元。

习　题　4

4-1　谈谈古希腊和古罗马对后世欧洲和世界各国的影响。试在身边寻找带有古希腊或古罗马印记的建筑和产品设计。

4-2　在现代主义中占据主要位置的风格是什么？思考其原因。

4-3　为什么欧洲的建筑设计风格变换频繁、百花齐放，而中国的建筑几千年来却没有太大变化？

第 5 章　产品创新设计

在过去的 50 年里，世界前 500 家大企业的排名发生了频繁的变动，近 10 年来竞争变得更为激烈。落伍的企业除了少数在成本控制和经营管理中犯了严重的错误外，大多数是因为其产品或服务没有保持必要的创新。创新是一个企业的灵魂，是竞争力的重要体现。面对 21 世纪日益加剧的竞争和更为复杂的国际环境，特别是在 2008 年爆发全球性的经济危机以来，创新更是决定着企业能否继续生存和发展。

5.1　产品创新概述

5.1.1　产品创新的内涵

所谓"创新"，包含着两个方面：（1）发现新问题；（2）以全新的方式解决新问题。产品创新的内容主要包括：技术创新、功能创新、形态创新、方式创新和市场定位创新等几个方面。

例如 Hao Hua 的笔记本概念设计 D-roll。这个笔记本的屏幕和键盘都可以像画轴一样卷起来（见图 5-1）。电脑上面有 USB 接口，可以插入 USB 外设，有一个可拆装的摄像头，还有一个皮带。甚至可以把笔记本上的组件拆下来，比如皮带可当作时尚又个性的手链。女孩子可以把这样的笔

图 5-1　Hao Hua 的笔记本概念设计 D-roll

记本当作精巧的手提袋（当然只是装饰作用）跨在胳膊上，骑自行车的时候，还可以把它斜挎在肩上。

又如 2009iF 产品设计获奖产品 Z 闪存。由波兰 Mindsailors 工作室设计，香港 Starline 制造的一款 USB 闪存驱动器——Z 闪存是 2009iF 产品设计获奖产品（见图 5-2）。该产品结合了精致的设计以及创新的和独特的产品系列解决方案。Z 闪存将时尚元素融入了科技。该款式简单大方，椭圆形的不锈钢带装饰图案的外壳设计很人性化，看上去既有光泽感，又具专业水准，别致而优雅。Z 闪存的容量为 1～8GB。

图 5-2　2009iF 产品设计获奖产品 Z 闪存

5.1.2　产品创新的作用

产品都具有一定的生命周期。产品的生命周期是指产品从投放市场到在市场上被淘汰的全过程所持续的时间。产品的这种变化和生物的生命历程一样，都有一个发生、发展和衰亡的过程。典型的产品生命周期包括投入期、成长期、成熟期和衰退期。因此一个企业就应该在产品进入衰退期之前或是更早，就研发新产品，并适时推出，或采用一些策略来延长该产品的生命周期，从而保证企业的生命力。

产品生命周期与产品的使用寿命是两个不同的概念。产品的使用寿命是指某一产品从开始使用到消耗磨损乃至废弃所用的时间。产品的使用寿命主要取决于产品本身的设计和制造质量以及使用方式和维修保养水平等。一个市场生命周期很短的产品，其使用寿命可能很长，例如服装、汽车；而一个市场生命周期很长的产品，其使用寿命却可能很短，例如爆竹、香皂。

产品创新的作用包括：

（1）维护企业的竞争地位。这是创新的最终目的。通过定期推出新产品，促进企业对新技术（材料技术、生物工程、信息网络等）的应用，提高公司品牌形象与地位。

（2）满足市场需求，迎合消费者求新、求异、求美的心理。21 世纪是科学技术迅速发展的时代，这个时期商品种类繁多，社会流行时尚和人们的审美口味在不断变化。产品创新以现实或潜在的市场需求为出发点，以技术应用为支撑，开发出差异性的产品或全新的产品，来满足现实的市场需求；或将潜在的市场激活为一个现实的市场，实现产品的价值，获得利润。产品创新的关键在于正确确定目标市场的需要和欲望，并且比竞争者更有利、更有效地传递目标市场所期望满足的东西。当然，目标市场的需要和欲望并不只是现在的需求，也包括消费者将来可能产生的需求，甚至包括营销者创造的需求。

（3）促进社会的和谐与文化多元化的发展。这是产品创新的宏观意义，也是整个社会和国家创新体系的重要部分。通过产品创新不仅能满足市场需求，还能体现新技术、新材料的应用，反映一定的社会价值观，促进社会多元文化的健康发展。

5.1.3　产品创新的要求

产品创新有以下的要求：

（1）功能性要求：性能、结构具有实用性、便利性和安全性等。

（2）审美性要求：造型、色彩、肌理和装饰诸要素使人愉悦，象征或显示个人的价值、兴趣爱好或社会地位等。

（3）经济性要求：在保证质量的前提下，研究材料的选择和构造的简单化，尽量减少企业的成本，提高功能，为用户带来实惠，为企业创造效益。

（4）适应性要求：适应人（设计以人为本，易于认知、理解和使用）、适应技术（能利用新型技术或材料，并易于加工成型）、适应环境（符合环保要求）、适应社会（符合社会伦理、专利保护、安全性和标准化诸方面的要求）。

5.1.4　产品创新策略

企业发展有一个长期的战略，产品创新在该战略中起着关键的作用。产品创新也是一个系统工程，对这个系统工程的全方位战略部署是产品创新的战略，包括选择创新产品，确定创新模式和方式，以及与技术创新其他方面相协调等。要做好产品创新，就要做到以下几个方面：

A　关注产品的核心价值

这是产品创新的第一个层次。消费者购买产品的重要性并不在于购买的物质实体，而在于要得到这些产品能够提供的核心利益和某种服务的能力。产品核心价值的认定要以顾客为中心，而不能依靠企业的主观臆想。

例如可口可乐新口味风波。享誉全球的可口可乐就曾经在这个问题上吃过苦头。20 世纪 80 年代初，可口可乐公司在百事可乐公司的巨大挑战下，地位受到威胁，市场占有率下降，因此决定研究新型的可口可乐来重新夺回市场。百事可乐曾经对消费者口味进行过随机测试，发现美国消费者喜欢百事可乐的甜味，而不是可口可乐的那种干爽味。可口可乐也作了类似的测试，证实了这个结论。于是，可口可乐研制了一种甜味高的新配方，并从 1982 年起历时 3 年，对近 20 万人进行了口味测试。测试结果表明，一半以上的被测试者表示喜欢新口味。1985 年 4 月，可口可乐公司决定将新可口可乐全面推向市场，同时停止生产和销售老可口可乐。但使他们震惊的是，从 5 月开始，可口可乐公司接到消费者的抗议电话、信件不计其数。消费者甚至成立了"美国老可口可乐饮用者组织"来威胁可口可乐公司，声称如果不恢复老配方，就要提出控告并召开抵制新可乐的集会。百事可乐也兴风作浪，在各家报纸上发表议论说可口可乐之所以推出新配方是因为百事可乐好的原因。这件事使 500 家可口可乐的灌装厂和批发商受到波及。那么，为什么经过了那么长时间慎重的新可乐口味测试，居然还会产生如此严重的后果呢？消费者不是喜欢甜味吗？接下来可口可乐又重新作了调查，得出的结论是：人们之所以对老口味热情并抵制新可乐，不在于他们不喜欢这种新口味，其真正原因是，他们所认定的可口可乐的核心价值不是口味而是可口可乐中所蕴含的浓厚的历史传统，老可口可乐已经成为美国文化的一个部分。

这是不是说产品的核心价值就不能改变呢？其实顾客所认定的核心价值会随着时间的推移、环境的变化、市场需求的变化而发生变化。企业可以从这些变化中寻找新的机会，从而在竞争中取胜。这就要企业充分把握市场的需求和潜力，关注技术的发展和社会的变化。

B　注重产品形态

这是创新的第二个层次。产品的核心价值必须通过一定的产品形态才能表现出来，才能使顾客得到产品所带来的核心利益。有研究表明，较高的产品质量不一定会增加多少产品的成本而能提高售价；但在此基础上进一步提高产品质量，却会大幅度提高产品的成本，售价却不能大幅度提高。当前同类企业几乎可以掌握相同的技术，并具有相同的产品质量，因此产品形态的创新设计就变得尤为重要，可以凸现企业的差异性和竞争优势。历史上通用汽车公司的崛起，就源于抓住了当时市场的多样化和变化的需求，并适时增加了款型，从而超越福特成为当时美国最大的汽车公司，奠定了它今天在世界汽车业的地位。

C　加大产品的延伸内容

这是产品创新的第三个层次。产品的延伸内容是指顾客购买产品所得到的附加利益和服务的总和，包括保证、维修、咨询、送货等。高速成长的公司并不是最先发现产品核心价值的企业，但他们在汲取第一个公司经验教训的基础上，增加及时的供货、周密的售后服务、耐心的咨询和培训等内容，就能形成该企业的优势。

5.1.5　新产品的类型

罗伯特·库伯在《新产品开发流程管理》中列出了 6 种不同类型或是不同级别的新产品：

（1）全新产品。这类新产品是其同类产品的第一款，并创造了全新的市场。此类产品占新产品的 10%。

（2）新产品。这些产品对市场来说并不新鲜，但对于有些厂家来说是新的，约有 20% 的新产品归于此类。

（3）已有产品品种的补充。这些新产品属于工厂已有的产品系列的一部分。对市场来说，它们也许是新产品。此类产品是新产品类型中数量较多的一类，约占所推出的新产品的 26%。

（4）老产品的改进型。这些不怎么新的产品从本质上说是工厂老产品品种的替代。它们比老产品在性能上有所改进，并提供更多的内在价值。该类新改进的产品占推出的新产品的 26%。

（5）重新定位的产品。适于老产品在新领域的应用，包括重新定位于一个新市场，或应用于一个不同的领域。此类产品占新产品的 7%。

（6）降低成本的产品。将这些产品称作新产品有点勉强。它们被设计出来替代老产品，但在性能和效用上并没有改变，只是成本降低了。此类产品占新产品的 11%。

5.2   产品创新设计的流程

产品创新设计的步骤一般包括设计策划、市场调研、造型设计、样机制作、市场试销、修正和正式投放等。

5.2.1   设计策划

设计策划作为产品设计的第一个步骤，它的任务在于使设计业务与商业情报沟通，进行资料收集与比较、分析，了解法令规章，研究设计限制条件的界定，确定正确的设计形式，写出设计策划书。在设计策划过程中，需做好以下几点：

（1）如果是委托设计项目则需要与委托人进行沟通。

1）了解产品本身的特性，如产品的重量、体积、强度、避光性、防潮性以及使用方法等。不同的产品有不同的特点，这些特点决定产品包装的材料和方法应符合产品特性的要求。

2）了解产品的使用对象。由于顾客的性别、年龄以及文化层次、经济状况的不同，形成了他们对商品的认购差异，因此，产品必须具有针对性。而掌握了该产品的使用对象，才有可能进行定位准确的产品设计。

3）了解产品的相关经费。包括产品的售价、产品的包装及广告预算等。对经费的了解直接影响着预算下的包装设计，而每一个委托商都希望以少的投入获取多的利润，这对设计师无疑是巨大的挑战。

4）了解产品的背景。一是委托人对产品设计的要求；二是该企业有无 CI(Corporate Identify,即企业形象识别)计划，要掌握企业形象识别的有关规定；三是明确该产品是新产品还是换代产品，以及所属公司旗下的同类产品的形式等等。以便制订正确的产品设计策略。

（2）如果是概念设计等自主设计，则需要提出新的问题，确定设计题目，并探索以新的形式来解决问题。

5.2.2   市场调研

市场调研是产品创新设计最为重要的部分，有时甚至决定着新产品设计的成败。市场调查与研究，简称市场调研，是两个相互联系又有区别的概念。市场调查所要解决的问题主要是通过各种调查方式，有系统地收集大量的有关市场商品产、供、销的数据与资料，如实地反映市场的客观情况；而市场研究则是根据所得的数据和资料，进行"去粗取精、去伪存真、由此及彼、由表及里"的分析，从而得出合乎客观事物发展规律的结论。市场调研以弄清市场的客观事物为主要目的，为企业在市场上做出各项经营活动提供科学的依据。

市场调研的程序通常由以下五个步骤组成，即确定调研课题、制定调研计划、收集信息、分析信息、提出调研报告。市场调研的主要内容包括技术调查、消费人群需求调查、竞争者调查、法律法规调查等。其中消费人群的需求调查是最为重要的环节。市场调研的方法主要包括观察法、访谈法、问卷调查法、实验法、抽样调查法等。

A 市场细分

市场细分就是营销者通过市场调研，根据消费者对商品的不同欲望和需求、不同购买行为和购买习惯，把消费者整体市场划分为具有类似性的若干个不同的购买群体——子市场，使企业可以认定目标市场的过程和策略。市场细分理论和原则在国内外市场营销中得到了广泛的运用，它可以帮助企业更好地研究分析市场，并为选择目标市场提供可靠的依据，对增强企业的竞争力，更好地满足消费者的需要，给企业带来巨大的经济效益和社会效益都具有重要意义。

市场细分是一项复杂细致的工作。一般来说，可按照以下的 7 个步骤来进行：

（1）正确地选择市场范围。

（2）列出市场范围内所有顾客的全部需求。

（3）确定市场细分标准。

（4）为各个可能存在的细分子市场确定名称。

（5）确定本企业开发的子市场。

（6）进一步对自己的子市场进行调查研究。

（7）采取相应的营销组合策略开发市场。

B 目标市场的选择

目标市场是指企业在市场细分的基础上，经过评价和筛选所确定的作为本企业经营目标而开拓的特定市场，即企业能以某种相应的商品或服务去满足其需求的那几个消费群体。为保证企业的效率，避免资源的浪费，并使经济价值最大化，必须将企业的营销活动局限在一定的市场范围内。企业必须根据自身的资源优势，权衡利弊，选择合适的目标市场。

目标市场的选择必须具备以下几个条件：

（1）有足够的市场需求。

（2）市场上有一定的购买力。

（3）企业必须有能力满足目标市场的需求。

（4）在被选择的目标市场上，本企业具有竞争优势。

C 市场定位

市场定位是指企业根据目标市场的特点，以及企业的自身情况，确定新产品主要满足哪些消费者的哪些需求，以及确定新产品具有的主要特色，以区别于该企业的老产品和同类竞争者的新老产品，使新产品具有竞争力和购买力。

例如太阳花系列鼠标。目前的鼠标市场除了国外的几家大型鼠标品牌有自己的模具开发中心外，国内一些鼠标品牌基本上没有自己独立的模具研发中心，因此，国内企业多半是靠模仿或者说仿造国外一些鼠标品牌的产品外形来打市场。而目前市场上一些主流品牌，如罗技、微软等，它们的鼠标主要市场是在欧美国家，所以它们的产品不管是在人体工程学方面还是在产品外形方面，基本上是按照欧美人士的人体工程学和审美观来进行设计的。欧美人士的手掌心平均要比亚洲人的手掌心深 1~2cm，而且手要长 3~4cm，所以像欧美一些鼠标品牌产品，如罗技、微软的鼠标个头都特别大，并且后背都非常弓。因为如果鼠标后背太平，欧美人士的人握上去之后，手掌心就会有悬空的感觉。最符合欧美人士人体工程学的鼠标并不一定最符合亚洲人的人体工程学。此外，欧美人士更喜欢色彩沉稳、线条粗犷、造型不张扬的产品，而作为以中、日、韩为代表的亚洲人来说，更喜欢色彩靓丽、线条柔美、造型新锐时尚的产品。

　　太阳花系列鼠标针对不同人种的人体工程学、不同地方的消费习惯、不同地区审美观的差异，专门为亚洲人设计了大、中、小型三个类别的鼠标。这些极富创意并遵循人体工程学原理的太阳花鼠标，全部由西太平洋的 Toiva 国际工业设计中心设计，并多次荣获东京 N-Uto 协会优良产品设计奖，连续 3 年荣获日本最具权威的 IT 媒体《DOS/V》性能、销售评选第一名。

　　太阳花大型鼠标（见图 5-3）即太阳花天梭系列鼠标，是以身高在 173cm 以上人士为调研对象设计的鼠标，在外形设计方面较之欧美的鼠标稍微要小一点，并且流线造型的弧度也要平缓一些。

　　太阳花中型鼠标（见图 5-4）即太阳花铁甲骑士鼠标，是以身高在 160～173cm 之间的人士为调研对象设计的鼠标，在外形方面较之专为亚洲人设计的大型鼠标还要小一点，并且根据 Toiva 国际工业设计中心对上万例身高在 160～173cm 之间亚洲人的调研后，得出一个结论，即长度为 10cm 左右，后背宽度为 6.5cm 左右的中型鼠标最适合 160～173cm 的亚洲人使用，而这个身高的人士在亚洲占了大约 60% 以上的人口比例。

图 5-3　太阳花天梭系列鼠标

图 5-4　太阳花铁甲骑士鼠标

　　太阳花小型鼠标（见图 5-5）即迷你鼠标，是专为身高在 160cm 以下的亚洲人士设计的。因为考虑到绝大部分消费对象为女性用户，所以太阳花小型鼠标在外形设计和色彩的搭配上专门研究了亚洲女性的审美观，并量体裁衣。象铁甲骑士迷你鼠、贝贝鼠的外形不仅小巧可爱，在色彩方面以浅蓝、玫瑰红、珍珠白为主体色，并搭配有质感的金属按键，配以淡蓝色的发光滚轮，不仅具有十足的时尚魅力，而且科技感十足，正好迎合了亚洲白领女性的审美观。

5.2.3　造型设计

　　A　设计构思阶段

　　设计构思是造型设计的发散阶段。设计师在对产品作相关调研后，凭借经验、职能、想象力、创新力以及天资，通过充分的思维发散和设计构思，去探索与寻找尽可能多的期望合理的方案。设计师可以不受现有技术条件、市场需求等客观条件的限制，充分利用各种创新方法，变换组合产品造型设计的解决方案，利用手绘草图、预想效果图来表现设计构思。

图 5-5　太阳花迷你鼠标

B 设计定案阶段

这一阶段是造型设计的收敛阶段。设计师通过分析比较、淘汰归纳，竭力排除设计构思阶段中不切实际和实用价值不大的方案，确定创新、合理的最佳造型方案。设计师可以利用工程图来表现结构，利用计算机渲染效果图或实物模型来表现造型设计。

（1）总体布局设计。在构思草图和效果图（小样）的基础上，依据技术参数，结合产品结构和工艺，确定有关尺寸的数据和结构布置，进而确定出产品的基本形体和总体尺寸。

（2）人机系统设计。根据人机工程学的要求，在总体布局的基础上，权衡产品各部分的形状、大小、位置、色彩，主要包括操纵系统、显示系统、作业空间、作业环境、安全性和舒适性等。其中，还应考虑三方面的关系，即人与物的协调关系、物与物的协调关系、物与环境的协调关系。

（3）比例设计。为使总体造型在比例关系上获得满意的视觉效果，设计时应根据产品的功能、结构和形体，使产品既要达到参数规定的要求，又要符合形式美的法则。不但要考虑整体与局部的比例关系，还要考虑局部与局部的比例关系。

（4）线型设计。根据产品的性能并考虑时代性，提出产品轮廓线是以直线为主，还是以曲线为主。保持整个产品的线型风格协调一致。

（5）色彩设计。主色调的选用要考虑产品的功能、工作环境、人们的生理和心理需要，同时还要考虑不同国家和地区对色彩的喜恶和禁忌，以及表面装饰工艺的可能性和经济性，有时还应注意流行色的发展。

（6）装饰设计。商标、铭牌、面板以及装饰带等非功能件的设计，起着美化产品造型、平衡视觉、增加产品艺术感染力的作用。

（7）效果图的绘制和模型制作。

（8）造型设计说明书。从造型设计准备阶段到样机试制阶段的每一个环节，尤其是造型方案设计阶段，都应进行详细记载，每一步都应有足够的依据。造型设计说明书的主要作用是申报投产、申请专利、资料保存等。

5.2.4　样机试制

确定产品造型设计方案并制作样机，是产品造型设计的最后阶段，它是产品造型设计能否获得成功的关键。确定产品造型设计方案要在有关专家与同行设计人员共同参加的方案讨论会上进行。设计人员应将产品造型设计说明书和草图方案、效果图方案、模型制作方案与主导设计思想，尤其是方案的独特创新之处，向与会者作全面详细的介绍。在讨论过程中，设计者必须认真听取来自各方面的评价和见解，吸收正确的意见，对方案进行有益的修改。产品造型设计方案确定后，设计人员需绘出全部详细的图样，并根据总的技术要求分别绘制出各部件图、零件图和总装图。对于表面材料、加工工艺、面饰工艺、质感的表现、色调的处理等都应附有必要的说明。各类图绘完后，应试制样机。在研制样机时，常常会发生产品的模型与样机之间存在一些小的差别。这些差别的产生有两种情况：一是模型的曲线、圆弧的过渡线和各种棱线的处理，与现有的工艺水平相脱节；二是样机的材料达不到设计要求的艺术效果。这些问题需要设计者与试制人员共同商量，在确保整体造型完整的情况下，对产品进行适当的修改，以适合工艺要求和生产条件。

5.3　产品的功能创新

每一种产品都有其特定的功能，并能满足某种消费的需要。产品的创新首先必须进行功能的创新，一方面要使潜在的功能充分发挥出来，另一方面可通过采用新的技术和手段增加或扩大产品的功能，使产品的功能得到不断的创新和完善。

5.3.1　功能的内涵

（1）实用功能（狭义功能），即是通过将设计思想转化为设计物，以满足人的种种物质需要，重在体现设计物的实用价值的功能。

（2）认知功能，即通过视觉、触觉、听觉等感觉器官接受来自物的各种信息刺激，形成整体认知，从而产生相应概念的功能。

（3）象征功能，即传达出设计物"意味着什么"的信息内涵。如一辆汽车的豪华程度，不仅表现了它在实用功能方面的进步和完善，同时，还是汽车使用者经济地位和社会地位的象征。

（4）审美功能，即设计物内在和外在形式唤起的人的审美感受以满足人的审美需求，体现了设计物与人之间的精神关系。物在使用过程中是否能唤起人的美感，是判断其是否具有审美功能的依据。

5.3.2　功能系统分析

从功能入手，系统地研究、分析产品是产品功能创新的主要方法。通过功能系统分析，可以加深对分析对象的理解，明确对象功能的性质和相互关系，从而调整功能结构，使功能结构平衡，功能水平合理，达到功能系统的创新。

A　功能定义

所谓功能定义，是指打破以事物为中心转而以功能为中心的思考方法。就是把设计对象所要求的功能进行抽象描述，并逐一下定义。功能定义要求简洁、准确，应系统而全面地反映对象（及其组成要素）所具有的全部功能，如热水瓶的功能定义是储存热水。

B　功能整理

功能整理是用系统的观点将已经定义了的功能加以系统化，找出各局部功能相互之间的逻辑关系，并用图表形式表达，以明确产品的功能系统，从而为功能评价和方案构思提供依据。通过整理要求达到以下目的：

（1）明确功能范围，即搞清楚几个基本的功能，而这些基本功能又是通过什么功能来实现的。

（2）检查功能之间的准确程度，定义正确的就肯定下来，不正确的则加以修改，遗漏的加以补充，不必要的就取消。

（3）明确功能之间上下位关系和并列关系即功能之间的目的和手段关系。

功能整理是功能分析的第二个重要步骤，它用系统的观点将已经定义了的功能加以系统化，找出各局部功能相互之间的逻辑关系，并用图表形式表达，以明确产品的功能系统。功能整理包括明确功能类别、确认必要功能、掌握功能区域、完善功能定义和明确设计构思五个方面。产品的各组成要素功能也相互联系、相互制约，共同构成产品的功能系统。如热水瓶的目的功能是"储存热水"，下位功能是"保持水温"。而"保持水温"又需要有三个并列的功能，即"减少传导"、"减少辐射"、"减少对流"来作为它"保持水温"的手段。

5.4　产品创新的思维和方法

5.4.1　改进设计的创新方法

改进设计是对市场上现有的产品进行研究，并通过一定的方法对产品加以改进、变化。这是进行新产品开发的一种简单而实用的创新方式，这样产生出来的新产品保留了原产品的特点，一般都可以很快生产并得到市场的认可，这也是一种最为常见的新产品开发方式。常用的改进设计的方法有：

（1）移植（Adapt），即将其他产品的形态、使用方式应用到新产品的设计中。所谓"他山之石，可以攻玉"，其实就是移植法。

例如 BenQ 生产的台式电脑 Joyhub。BenQ 生产的台式电脑 Joyhub Bento（见图5-6），取名源自东方饮食中的名词——"便当"，名字兼具方便与恰当的双重含义。它打破普通台式电脑的外形，借用了便当的形态，体积虽小却集合了桌面常用功能，包括时钟与日历显示、MP3 播放、2.1 音响、USB 数码连接以及 SD 读卡、语音聊天等。该款电脑节省了桌面空间，令电脑的使用更简单，充分照顾了年轻家庭用户日常办公与娱乐生活的需要。

（2）改变（Modify），即改变原来产品的某些形状、色彩、声音、运动方式、气味，甚至含义（见图5-7）。

图 5-6 台式电脑 Joyhub Bento

图 5-7 Framevase 不装水的花瓶

（3）放大（Magnify），即把现有产品的形态加高、加长、加厚、加大或增加功能等，这些都是产生新方案的途径。

例如 BenQ 生产的扫描仪 7350CT。BenQ 生产的扫描仪 7350CT 荣获了 2005 年德国 iF 设计大奖。该产品是针对讲究个人品位且需要电子影像处理的使用族群而设计的。BenQ 以革命性的思考，让扫描仪根据不同扫描物品的厚度，以直立、横躺、壁挂等三种不同形态操作（见图5-8）。

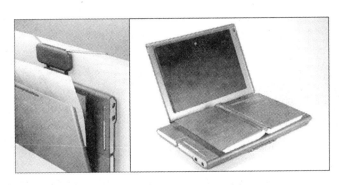

图 5-8 BenQ 扫描仪 7350CT

直立扫描最适合扫单张文件的工作，而平躺扫描则适用于较大量的影像处理工作，可扫书籍或大张海报。因此，扫描仪 7350CT 不但适合 SOHO（家庭企业）或家庭使用，还能满足工作场合中多人共享一机的使用需求。其 38mm 极薄的厚度，黑与银优雅的配色，传达出精密细致的内涵，是各种不同族群影像工作者的最佳选择。扫描仪 7350CT 省空间，易收藏，符合家用及商用的各种使用需求。此外，为使扫描仪重新融入拥挤的桌面空间，7350CT 的掀盖上附有一片可更换的面板，该面板可随使用者喜好换成镜子或白板，不仅能增添桌面使用上的灵活与乐趣，更符合了现代人喜欢自己安排、自己设计的 "Personalize"（个性化）特性。

（4）缩小（Minimize），即使现有产品的形态变得更轻、更小或省去某些东西，或把一个大的产品进行分解等（见图 5-9）。

图 5-9　祖母的袖珍厨房

（5）替代（Substitute），即将原有产品的构造、材料、结构、能源、资源等进行替换（见图 5-10）。

（6）重组（Rearrange），即变换产品零部件次序，调整产品结构，改变因果关系等，这些都是产生新方案的手段（见图 5-11）。

图 5-10　返璞归真的 "水龙头"　　　　　图 5-11　键盘可伸缩的笔记本电脑

（7）倒置（Reverse），即把产品的前后、左右、上下位置、关系等顺序颠倒，或将功能实现的方式颠倒，即所谓的 "逆向思维"（见图 5-12）。

（8）拼合（Combine），即把不同的单元、不同的功能、不同的结构、不同的构思组合在一起而产生新的产品。这也是一种比较常见的产品创新方式。

例如"时光踪迹"钟表。"时光踪迹"钟表（见图5-13）不仅可以显示时间，还可以当作记事本。钟表的表面由一白色薄板做成，可以用一个集成橡皮擦擦除上面的文字。该设计获得2008年IDEA大奖。

图 5-12 向下喷水的喷泉

图 5-13 "时光踪迹"钟表

（9）剔除(Eliminate)，即由于某种新技术、新材料或新结构的采用，有些零部件可以剔除，或剔除不必要的功能（见图5-14）。

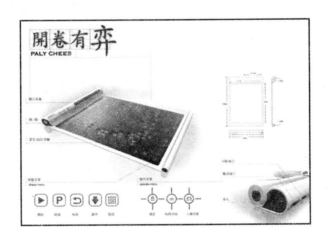

图 5-14 电子围棋

5.4.2 头脑风暴

随着发明创造活动的复杂化和课题涉及技术的多元化，单枪匹马式的冥思苦想将变得软弱无力，而"群起而攻之"的发明创造战术则显示出攻无不克的威力。头脑风暴法（Brain Storming），又称智力激励法、BS法，是由美国创造学家A. F. 奥斯本于1939年首次提出、1953年正式发表的一种激发创造性思维的方法。它是通过小型会议的组织形式，让所有参与人员在自由愉快、畅所欲言的气氛中，自由交换想法或点子，并以此激发与会者创意及灵感，使各种设想在相互碰撞中激起脑海的创造性"风暴"。头脑风暴适合于解决那些比较简单、严格确定的问题，比如研究产品名称、广告口号、销售方法、产品多样化等。它常用于需要大量的构思、创意的行业，如广告业头脑风暴法主要经历以下几个阶段：

（1）准备阶段。CI（Corporate Identify，即企业形象识别）策划与设计的负责人应事先对所议问题进行一定的研究，弄清问题的实质，找到问题的关键，设定解决问题所要达到的目标。同时选定参加会议人员，一般以 5～10 人为宜，人数不宜太多。然后将会议的时间、地点、所要解决的问题、可供参考的资料和设想、需要达到的目标等事宜一并提前通知与会人员，让大家做好充分的准备。

（2）热身阶段。这个阶段的目的是创造一种自由、宽松、祥和的氛围，使与会人员得以放松，进入一种无拘无束的状态。主持人宣布开会后，先说明会议的规则，然后随便谈点有趣的话题或问题，让大家的思维处于轻松和活跃的境界。

（3）明确问题。主持人简明扼要地介绍有待解决的问题。介绍时须简洁、明确，不可过分周全，否则，过多的信息会限制人的思维，干扰思维创新的想象力。

（4）重新表述问题。经过一段讨论后，大家对问题已经有了较深程度的理解。这时，为了使大家对问题的表述能够具有新角度、新思维，主持人或书记员要记录大家的发言，并对发言记录进行整理。通过记录的整理和归纳，找出富有创意的见解，以及具有启发性的表述，供下一步畅谈时参考。

（5）畅谈阶段。畅谈是头脑风暴法的创意阶段。为了使大家能够畅所欲言，需要制订的规则是：1）不要私下交谈，以免分散注意力。2）不妨碍及不评论他人发言，每人只谈自己的想法。3）发表见解时要简单明了，一次发言只谈一种见解。主持人首先要向大家宣布这些规则，随后导引大家自由发言、自由想象、自由发挥，使彼此相互启发、相互补充，真正做到知无不言，言无不尽，畅所欲言，然后对会议发言记录进行整理。

（6）筛选阶段。会议结束后的一两天内，主持人应向与会者了解大家会后的新想法和新思路，以此补充会议记录。然后将大家的想法整理成若干方案，再根据 CI 设计的一般标准，诸如可识别性、创新性、可实施性等标准进行筛选。经过多次反复比较和优中择优，最后确定 1～3 个最佳方案。这些最佳方案往往是多种创意的优势组合，是大家的集体智慧综合作用的结果。

例如，利用头脑风暴除掉电线上的雪。有一年，美国北方格外严寒，大雪纷飞，电线上积满了冰雪，大跨度的电线常被积雪压断，严重影响了通信。过去，许多人试图解决这一问题，但都未能如愿。后来，电信公司经理应用奥斯本发明的头脑风暴法，尝试解决这一难题。他召开了一种能让头脑卷起风暴的座谈会，参加会议的是不同专业的技术人员，且要求他们必须遵守以下原则：

（1）自由思考。即要求与会者尽可能解放思想，无拘无束地思考问题并畅所欲言，不必顾虑自己的想法或说法是否"离经叛道"或"荒唐可笑"。

（2）延迟评判。即要求与会者在会上不要对他人的设想评头论足，不要发表"这主意好极了！""这种想法太离谱了！"之类的"捧杀句"或"扼杀句"。至于对设想的评判，留在会后组织专人去考虑。

（3）以量求质。即鼓励与会者尽可能多而广地提出设想，以大量的设想来保证质量较高的设想的存在。

（4）结合改善。即鼓励与会者积极进行智力互补，在增加自己提出设想的同时，注意思考如何把两个或更多的设想结合成另一个更完善的设想。

按照这种会议规则，大家七嘴八舌地议论开来。有人提出设计一种专用的电线清雪机；有人想到用电热来化解冰雪；也有人建议用振荡技术来清除积雪；还有人提出能否带上几把大扫帚，乘坐直升机去扫电线上的积雪。对于这种"坐飞机扫雪"的设想，大家心里尽管觉得滑稽可笑，但在会上也无人提出批评。相反，有一工程师在百思不得其解时，听到用飞机扫雪的想法后，大脑突然受到冲击，一种简单可行且高效率的清雪方法冒了出来。他想，每当大雪过后，出动直升机沿积雪严重的电线飞行，依靠高速旋转的螺旋桨即可将电线上的积雪迅速扇落。于是他马上提出"用直升机扇雪"的新设想，顿时又引起其他与会者的联想，有关用飞机除雪的主意一下子又多了七八条。不到一小时，与会的 10 名技术人员共提出 90 多条新设想。

会后，公司组织专家对设想进行了分类论证。专家们认为设计专用清雪机，采用电热或电磁振荡等方法清除电线上的积雪，在技术上虽然可行，但研制费用大、周期长，一时难以见效。那种因"坐飞机扫雪"激发出来的几种设想，倒是一种大胆的新方案，如果可行，将是一种既简单又高效的好办法。经过现场试验，发现用直升机扇雪真能奏效，于是一个久悬未决的难题，终于在头脑风暴会中得到了巧妙的解决。

5.4.3　发散性思维和收敛性思维

A　发散性思维

发散性思维是指在解决问题的过程中，不拘泥于一点或一条线索，而是从仅有的信息中尽可能扩散开去，不受已经确定的方式、方法、规则或范围等的约束，并从这种扩散式或者辐射式的思考中，求得多种不同的解决办法，衍生出不同的结果。发散思维包括联想、想象、侧向思维等非逻辑思维形式，一般认为"发散思维的过程并不是在定好的轨道中产生的，而是依据所获得的最低限度的信息，因此是具有创造性的。"

B　收敛性思维

收敛性思维是指在解题过程中，尽可能利用已有的知识和经验，把众多的信息逐步引导到条理化的逻辑程序中去，以便最终得到一个合乎逻辑规范的结论。收敛性思维包括分析、综合、归纳、演绎、科学抽象等逻辑思维和理论思维形式。

人们在实际生活中，最常用到的就是收敛性思维。一般课堂教育的主要内容之一，就是训练人们的收敛性思维，培养集中思考能力。从小到大我们接受成千上万次的考试和测验，目的就是要培养我们根据所掌握的信息资料得出正确结论的能力。但是在遇到问题和障碍的时候，惯性的集中思考往往无能为力，这就需要有意识地锻炼自己的思维能力，培养发散性思维习惯，用扩展思考来解决问题。在人们的头脑中，有一些思维定势，阻碍人们用多视角、多途径去解决问题，比如相信权威，崇拜完美，把"是不是符合逻辑"作为"正确"与否的规则等。我们需向自己头脑中几种主要束缚思维发散的观念挑战，打破束缚，使思维活动在进入解决问题的开始阶段就能产生大量高质量的素材，为收敛性思维最后选择准备充足的条件。

有人善于使用发散性思维，有人则善于使用收敛性思维。发散与收敛的失衡，在成人和孩子身上都有所体现。成年人善于运用逻辑分析，其结果是失去了很多发挥想象力并由此从中选择的机会，这个过程导致了发散与收敛的失衡。孩子想象力丰富，却不善于熟练地运用逻辑，结果收敛性思维不发展，也导致创造力受损。因此，为了达到一种平衡，在创造性解决问题的每一个阶段，都需要发散性思维与收敛性思维的一张一弛，相辅相成。那种以为创造性思维就是发散性思维的看法是片面的。

C　发散性思维与收敛性思维的互补性与分阶段性

发散性思维与收敛性思维不仅在思维方向上互补，而且在思维操作的性质上也互补。美国创造学学者 M. J. 科顿，形象地阐述了发散性思维与收敛性思维必须在时间上分开即分阶段的道理。如果它们混在一起，将会大大降低思维的效率。发散性思维向四面八方发散，收敛性思维则向一个方向聚集。在解决问题的早期，发散性思维起到更主要的作用；在解决问题后期，收敛性思维则扮演着越来越重要的角色。

　　D　突破常规与心理定势并多向开拓

　　美国心理学家巴特利(F. C. Bartle)曾称发散性思维为"探险思维"。可见，广泛的开拓性，是发散思维的主要特征。发散思维的优势在于能够提供尽可能多的新设想。相声艺术的说、学、逗、唱，总是以广为人知的琐事为起点，发散到许多出人意料的方向，是典型的开放式的发散思维。

　　突破常规的设计构思实例是难以胜举的，因为几乎每一种成功的设计都有这一特征。从思维方面来看，突破常规的原则是改变一贯的作法，而不为任何已知经验和成规所束缚。克服心理定势，对于突破常规、开拓思维也很重要。定势是认知一个事物的倾向性心理准备状态，"用老眼光看新事物"就是一种定势。它可能使我们因某种"成见"而对新事物持保守态度。

　　例如，鼻子也能弹钢琴。有一次，音乐大师海顿和莫扎特打赌，莫扎特写一首乐曲，看海顿能不能弹出来。刚开始时，海顿的弹奏很顺利，可当他的双手被高、低音支配到键盘的两端时，曲谱上又跳出了一个在键盘正中间的音符。海顿这时无法处理了，他大声嚷道："这是世界上无人能弹的曲子!"莫扎特则笑眯眯地说："我能弹!"对那个几乎无法处理的音符，莫扎特弹的时候居然用上了鼻子尖。假设海顿的头脑中没有钢琴必须用手弹的主导观念，那么海顿肯定也会想到用其他方法触碰琴键。这位在音乐领域里很有创造的大师尚且如此，可见主导观念无处不在。

习　题　5

5-1　利用一种或几种产品创新的设计方法，进行儿童手机的改进设计或概念设计。

5-2　组成头脑风暴小组，解决"坐"的问题。

第 **6** 章　绿色设计

绿色设计（Green Design）是 20 世纪 80 年代末出现的一股国际设计潮流，是指在设计阶段就将环境因素和预防污染的措施纳入产品设计之中，将环境性能作为产品的设计目标和出发点，力求使产品对环境的影响最小。也就是说，要从根本上防止环境污染，节约资源和能源，关键在于设计与制造，不能等产品产生了不良的环境后果以后再采取防治措施。

从整个 20 世纪设计发展的脉络来看，绿色设计总体上属于理性主义设计中的一环。其思想起源与人们重新审视和批判西方工业社会的价值观和思潮相联系。从 20 世纪 70 年代起，绿色设计在欧美工业发达国家率先形成声势，继而向世界各国延伸，经历了 80 年代的活跃与发展之后，逐渐与"人性化设计"、"非物质主义设计"等新主张相汇合。

环境污染与资源紧张等问题的逐渐突出是绿色设计兴起的大背景。现代工业文明的建立和发展在某种程度上是以破坏、牺牲自然资源和环境为代价的。全球逐渐变暖，空气污染，水污染，森林资源锐减，土地沙漠化，生物品种减少、数量下降，生态不平衡等一系列重大问题对人类的生存和发展提出了严峻的挑战。提出"绿色设计"思想的前奏与认识基础，都与"可持续发展"的经济思想和社会理论有关。1972 年 6 月，联合国在瑞典的斯德哥尔摩召开"人类环境大会"，第一次把保护环境和发展统一起来，号召各国在全球范围内采取共同行动。在产品设计领域，绿色设计就成为可持续发展理论集体化的新思潮和新方法。一批设计师和设计理论家对"绿色设计"思潮的兴起、理论的形成，有着直接的影响。

6.1　绿色设计的概念

绿色设计是指在产品的整个生命周期内，着重考虑产品的环境属性（可拆卸性、可回收性、可维护性、可重复利用性等），并将其作为设计目标，在满足环境目标要求的同时，并行地考虑并保证产品应有的基本功能、使用寿命、经济性和质量等。它不仅反映出人们对现代科技文化所引起的环境及生态破坏的反思，同时也体现了设计师道德和社会责任心的回归。

绿色设计与传统设计相比，其根本区别在于绿色设计要求设计师在设计构思的开始阶段，就要把降低消耗、易于拆卸、回收再生、保护环境与保证产品的性能、质量、寿命、成本等要求列为产品设计的重要目标，并保证在生产和流通过程中顺利实施，从而拓展产品的生命周期。

绿色设计的核心是 4R，即 Reduce（减少）、Recycle（回收）、Reuse（重复利用）、Reserve（环保）。

（1）Reduce（减少），是指不仅要减少物质和能源的消耗，还要减少有害物质的排放，即"少量化设计"；

（2）Recycle（回收），是指设计的产品要能够方便地分类回收；

（3）Reuse（重复使用），是指设计的产品能再生循环或重新利用；

（4）Reserve（环保），是指有利于可持续发展和生态平衡。

6.2　绿色设计的方法

6.2.1　少量化设计

"少量化设计"或称"简约设计"包含了减少物质浪费与防止环境破坏4个方面的内容，即产品设计中减小体量、精简结构；生产中减少消耗；流通中降低成本；消费中减少污染。

产品的小量化改进是日本等工业发达国家的企业与产品设计界的强项，如日本汽车的"精益生产"模式以及其他产品不断地突破"轻薄短小"的极限，使产品不断精简结构，造型趋向小型化和简洁化。少量化设计主要是指模块化设计和集成（折叠）设计。

A　模块化设计

模块化设计是指在对一定范围内的不同功能或相同功能不同性能、不同规格的产品进行功能分析的基础上，划分并设计出一系列功能模块，通过模块的选择和组合可以构成不同的产品，满足不同的需求。模块化设计既可以很好地解决产品品种规格、产品设计制造周期和生产成本之间的矛盾，又可使产品快速更新换代，提高产品的质量，方便维修，有利于产品废弃后的拆卸、回收，为增强产品的竞争力提供了必要条件。

例如E-Rope模块化电源插座。由Chul Min Kang和Sung Hun Lim设计的E-Rope模块化电源插座（见图6-1）获得了2006年Idea工业设计奖。该插座上的蓝色指示灯亮表示通电；而如果用户将插座扭转90°则将自动断电，防止当今电器普遍采用的待机模式浪费电力。另外，这款插座的模块化设计可以让我们去掉无用部分，节省空间。

B　集成（折叠）设计

通过集成、折叠等方式的设计，可以在享受产品提供的多种功能的同时，便于携带或存放产品，节省空间。具有悠久历史的瑞士军刀可以说是集成（折叠）设计的最佳范例。

瑞士军刀又常称为瑞士刀或万用刀（见图6-2），是将许多工具集合在一个刀身上的折叠小刀，由于瑞士军方为士兵配备这类工具刀而得名。瑞士军刀集合的基本工具常为圆珠笔、牙签、剪刀、平口刀、开罐器、螺丝起子、镊子等。要使用这些工具，只要将它们从刀身的折叠处拉出来，就可以了。现在，瑞士军刀已经发展到有上百个功能。

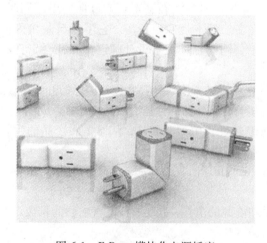　　　　

图 6-1　E-Rope 模块化电源插座　　　　　　　　图 6-2　瑞士军刀

国际上只有两种品牌的正宗瑞士军刀（一种是盾形标的维氏军刀，一种是圆形标的威戈军刀），英文名分别为Victorinox和Wenger。Victorinox公司是目前欧洲最大的刀具制造商，位于瑞士中部群山环绕的施维茨州伊巴科小镇上。瑞士维氏军刀自 1884 年问世以来，精益求精，更高水平的军刀不断被生产出来。维氏所制造的不只是世界驰名的军刀，更是一种被人们广泛应用于旅游、登山、潜水、航模运动以及修理自行车和汽车等日常生活中的多功能工具。追求尽善尽美是瑞士维氏军刀的一贯传统，多年的研制与创新使军刀的每个组成部分都达到了最佳造型，具有最完善的功能。瑞士维氏军官刀是送礼佳品，被美国数届总统选为白宫礼品，在刀柄刻上总统签名后赠送来宾。美国国家宇航局也将其列为宇航员随身工具。此外许多世界跨国公司、银行在瑞士军刀上刻上企业的名称或商标并将它们作为广告宣传品、会议纪念品赠送给客户。

又如世界上第一个可以折叠的垂直浴室。

2008 年，英国一位设计师设计了世界上第一个可以折叠的垂直浴室（见图 6-3），它看起来就像一个从瑞士军刀那里获得灵感而创造的艺术装置。这个集成式卫浴被形象地称作"脊椎"，它将马桶、水槽、浴缸和两个淋浴器整合在了一起，形成了一个 8 英尺（约 2.4 米）高的柱体。除了分别为大人和儿童准备的两个淋浴器只能旋转 180°以外，其余部分均可以旋转 360°。整个装置的中轴是一根铁柱，里面囊括了所有的管道系统。当你需要使用哪个部分的时候，只

图 6-3　世界上第一个可以折叠的垂直浴室

需将它轻轻推出来即可。这个杰作定价为 9000 英镑（约合 15926.9 美元），是专为那些浴室面积比较紧张的家庭准备的。

6.2.2　循环设计

循环设计就是回收设计(Design for Recovering & Recycling)，是实现广义回收所采用的手段或方法，即在进行产品设计时，就充分考虑产品零部件及材料回收的可能性、回收价值的大小、回收处理方法、回收处理结构工艺等与回收有关的一系列问题，以达到零部件及材料资源和能源的充分有效利用，是环境污染最小的一种设计思想和方法。循环设计可采用可再生材料或废旧产品的零部件作为产品设计的原材料，促进资源的重复性使用（见图 6-4）。

图 6-4　用废旧产品部件做的包

6.2.3　装配与拆卸设计

装配与拆卸设计(Design for Assembly and Disassembly，DFA & DFD)的基本含义是，在产品设计阶段就同时考虑到产品的可装配性能和可拆卸性能，从装配和拆卸的观点提供一套理论和方法，在产品的设计过程中利用各种技术手段如建模、分析、评价、规划、仿真等，充分考虑产品的装配与拆卸环节以及其相关的各种因素的影响，以便在保证产品功能要求的前提下，使产品装配与拆卸的成本最低。

拆卸与装配正好是相反的两个过程，所以装配设计（DFA）与拆卸设计（DFD）之间既有相同点又有不同点。它们的实质不同：装配的实质是建立零件之间的某种约束关系；拆卸则是解除这些关系。目的不同：DFA 针对的是产品的装配阶段，通过简化产品的设计达到减少产品装配费用的目的；DFD 则主要是针对产品的维修、报废处理阶段，使产品能够方便地拆卸、循环利用和安全地进行报废处理。而它们的相同点就在于，DFA 与 DFD 可以共享相同的产品设计模型，运用相似的分析和评价方法。

单纯依照装配设计（DFA）设计原则设计出来的产品不一定便于拆卸，反之，依照拆卸设计（DFD）原则设计出来的产品也不一定便于装配。两者之间的不同点使得装拆组和设计很有必要，特别有助于产品设计的集成和产品综合质量的提高。例如由 HANNSpree 公司推出的一款 32 英寸宽屏液晶电视和扬声器，这款产品在产品设计上较成熟，同时该款产品还具备的一大特色就是其配备的可拆卸的扬声器（见图 6-5）。

图 6-5　HANNSpree 公司的可拆装液晶电视和扬声器

6.2.4　绿色能源设计

"绿色"能源有两层含义：一是利用现代技术开发的干净、无污染的新能源，如太阳能、风能、潮汐能等；二是化害为利，同改善环境相结合，充分利用城市垃圾淤泥等废物中所蕴藏的能源。1987 年以来，工业化国家利用太阳能、水能、风能和植物能源获得的电力相当于 900 万吨标准煤的能量，而且这种增幅在 21 世纪将以平均每年 15% ~ 19% 的速度增长。1981 ~ 1991 年，工业化国家仅在风力和太阳能两种发电设备方面的成交额就达 120 亿美元，其中美国、德国、日本、瑞典和荷兰等国家进展最快。

据英国《每日邮报》报道，比利时著名建筑设计师文森特·卡勒鲍特（Vincent Callebaut）设计了一种新型环保摩天大楼——"飞龙"，这是一种像蜻蜓翅膀外形的垂直温室摩天大楼

（见图6-6）。这种新型建筑设计在全球范围内掀起了一股"城市空中农场"的革命热潮。据悉，这种高600米的新型建筑有望在美国纽约罗斯福岛建造。"飞龙"摩天大楼有132层，可提供充足的空间饲养牛畜和家禽，以及种植28种不同类型的农作物。该建筑楼有空间提供居住和办公，墙壁和天花板可用于栽培农作物，每层楼栽培的农作物可供居民食用。

图 6-6　　"飞龙"摩天大楼

　　该环保摩天大楼有两个中心塔楼，其周围分布着大量的温室。两个塔楼通过玻璃和钢铁构成的蜻蜓翅膀连接在一起。在冬季大楼可由太阳能进行加热，摩天大楼的翅膀区域负责处理温暖空气的循环；在夏季大楼可通过自然通风和植物蒸发的水分来保持内部的凉爽。

习　题　6

6-1　利用废旧物品做一个小产品设计，要求具有实用性和美观性。
6-2　选定市场上已有的产品，对其进行精简设计。

第 **7** 章　通用设计

7.1　通用设计的概念

通用设计（Universal Design，简称 UD）也叫万能设计，是指设计的商品或环境适用于所有的人，没有年龄、性别、体格、健康等条件的限制，甚至残疾人也同样可以使用，目的是创造一个通用的社会环境。历史上，通用设计是在 20 世纪 70 年代作为美国残疾人权利运动的产物出现的，当时称为"无障碍设计"。无障碍设计与北卡罗来纳州的建筑师、四肢瘫痪的 Ron Mace 的工作和教学分不开，它目的是使残疾人能够和正常人生活在一起，在精神上得到安慰并在生活中得到照顾，是给残疾人提供各种特殊的生活器具及环境的设计。

20 世纪 90 年代，在日本、英国、美国等先进国家，通用设计的应用范围已从建筑、工业设计拓展至行政、医疗、交通等系统，并且让更多的人受惠。近年来，在我国台湾地区，"行动无碍"、"友善城市"等议题逐渐发酵。自 2004 年起，岛内的台湾创意设计中心开始推动通用设计，不断鼓励企业投入通用设计开发，并通过研讨、展览会等方式传达给大众。尤其是 2008 年该创意设计中心与日本 tripod design 公司共同发起的"亚洲通用设计联盟"（AUDN），连接了韩国、香港、新加坡、菲律宾、印度等亚洲国家和地区的相关机构与资源，为推广与实践通用设计理念作出了重大贡献。足见亚洲各国各地区对于运用通用设计来提升生活品质的高度一致性。经过不断的宣传，这些年来通用设计得到了各界的认知与关注。

7.2　通用设计的原则

通用设计具有公平性、灵活性、直观性、反馈性、容错能力、减少体力消耗以及空间和尺寸适宜的原则。

A　公平性（Equitability）

公平性是指所有用户使用该产品的使用方式应该是相同的甚至尽可能完全相同，其次至少求对等，例如带婴儿椅的女厕所（见图 7-1）。具体如下：

（1）避免隔离或甚至指责任何使用者。

（2）提供所有使用者同样的隐私权，以及保障和安全。

（3）使所有使用者对产品的设计感兴趣并有使用愉快的感觉。

B　灵活性（Flexibility）

具体要做到以下几点：

（1）设计要迎合广泛的个人喜好和多种使用能力。

（2）提供多种使用方法以供选择。

（3）支持惯用右手或左手的处理，例如左右

图 7-1　带婴儿椅女厕所

手皆宜使用的剪刀（见图7-2）。

（4）保证使用的精确性和明确性。

（5）能够适应使用者的进步并与之并驾齐驱。

（6）提供对不同使用者的技术和装置，从而满足感官上有缺陷的人士的需求。

C　直观性（Simple and Intuitive Use）

例如日本静冈县立医院的导视系统设计，该系统简单易用，不会因使用者的经验、知识、语文能力或当下精神集中能力而有异（见图7-3），有效地传达了所需要的资讯。该系统做到了以下几点。

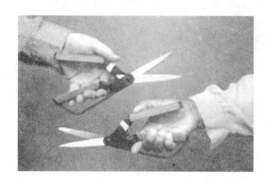

图7-2　左右手皆宜的剪刀　　　　　　图7-3　日本静冈县立医院导视系统

（1）排除不必要的复杂性。

（2）要尽量与使用者的期待和直观感觉一致。

（3）适应一个大范围的使用者的语言能力和文化程度。

（4）将信息按其重要性排列。

D　反馈性（Percetible Information）

反馈性是指无论四周的情况或使用者是否有感官上的缺陷，设计都应该把必要的信息传递给使用者（见图7-4）。

E　容错能力（Tolerance for Error）

容错能力是指设计应该可以让误操作和意外动作所造成的反面结果或危险影响减到最少（见图7-5）。

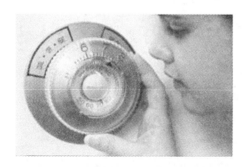

图7-4　操作反馈　　　　　　　　　图7-5　三星派乐士KPB-700键盘设计

F　减少体力消耗（Low Phsical Effort）

减少体力消耗是指设计应该尽可能地让使用者有效和舒适地使用，让使用者感觉丝毫不费气力。例如日本设计的残疾人专用卫生间（见图 7-6）。

G　空间和尺寸适宜（Size and Space for Approach and Use）

空间和尺寸适宜是指设计应该提供适当的大小和空间，让使用者接近、够得到然后进行操作，并且不被使用者身型、姿势或行动障碍所影响。例如英国方便上车的公交车（见图 7-7）。

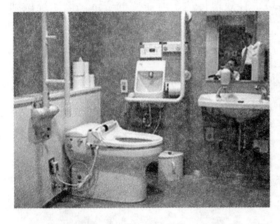

图 7-6　日本残疾人专用卫生间　　　　　图 7-7　英国方便上车的公交车

7.3　通用设计案例

日本是世界上最热衷于推动通用设计的国家，从环境设计、交通设计到产品设计，日本的通用设计已经形成了一个较为完整的体系。由于日本是全世界最长寿的国家之一，各家企业纷纷导入通用设计的概念，针对高龄化市场推出各式产品。日本在几年当中，已有超过 3000 件不同的通用设计产品进入市场，可以说是目前全球在落实推行通用设计的国家中成绩最为显著的，远远超过美国和英国。

例如松下 NA-V80GD 滚筒洗衣机。在高端洗衣机市场，滚筒洗衣机一直占据着绝对的市场份额，这主要是因为它对衣物的磨损小，可以洗涤绝大部分衣物，同时相比起波轮洗衣机非常省水。滚筒洗衣机的生产多年来一直是欧美公司的天下，我国国内生产滚筒洗衣机的厂家也都是引进欧美的技术，日本公司则一直在他们擅长的波轮洗衣机领域努力耕耘。滚筒洗衣机的外形一直以来都是方方正正的，且多数采用前开门方式，还有部分为照顾小空间用户而采用了顶开门方式。这两种开门方式都有其局限性，因为不同身高的用户在使用时都会有不方便的地方。自滚筒洗衣机诞生以来，这一缺点一直伴随着使用者。让人意外的是，对滚筒洗衣机颠覆性的革命居然来自生产波轮洗衣机阵营的日本公司，松下和东芝先后发布了斜方向开门的滚筒洗衣机，进而引发了洗衣机的一场革命性变革。松下公司采用通用设计理念，设计出 NA-V80GD 滚筒洗衣机（见图 7-8），

图 7-8　松下 NA-V80GD 滚筒洗衣机

它是在日本市场取得巨大成功的斜式滚筒洗衣机,目前已被引入中国市场。

松下 NA-V80GD 滚筒洗衣机创造性地将滚筒洗衣机的前开门倾斜了 30°,变成了斜向开门,内部滚筒的中心轴也跟着由水平方向做了 30°的倾斜。这样的设计,使得任何人在任何情况下,都可以平等、安全、方便地使用这台洗衣机。倾斜的开门方式可以让高个子不必蹲在洗衣机旁边取放衣物,矮个子和坐轮椅的残疾人也能够很容易地取放衣物,对孕妇来说,也只需轻轻弯腰就可以取放衣物,非常人性化。另外,由于放入口较大而且开口斜向上方,所以使用者可以轻松地观察到内部的洗涤状态。同时由于一眼就可看到洗衣桶底部,使用者在洗完衣服后就不会出现遗漏洗涤物在桶内的情况了。

要将滚筒洗衣机的滚筒角度倾斜 30°,并不是很简单的一件事,需要克服的技术难关非常多。无论是减小洗衣机震动还是克服离心力的高速运转,都让松下很费思量。为此,这款斜式滚筒洗衣机采用了类似汽车使用的高级减震系统,对驱动部位做了特别的支撑以控制高速旋转中的斜筒平衡。同时为了保持平稳和安静,松下还在这款洗衣机上装备了 DD(直流驱动)变频电机,以更好地控制斜筒的旋转,大幅度减轻噪声和振动。除了 DD 变频电机和汽车减震系统外,松下还通过尖端的滚筒旋转控制技术来防止衣物倒向一侧,以减轻晃荡和振动。实际使用证实,NA-V80GD 不论在洗涤时,还是在脱水、烘干时,其运转都惊人的安静,完全不必担心它打扰使用者休息。

习 题 7

7-1 根据国内的交通情况和人群需求,做一个公交车内部空间的通用设

7-2 思考现实生活中,哪些设计急需做通用设计,怎样做?

第 **8** 章　仿生设计

　　自古以来，大自然就是人类设计灵感的源泉。生物界有着种类繁多的动植物及物质存在，它们在漫长的进化过程中，为了求得生存与发展，逐渐具备了适应自然界变化的本领。人类生活在自然界，并与周围的生物作"邻居"，这些生物各种各样的奇异本领，吸引着人们去想象和模仿。人类运用其观察、思维和设计的能力，开始了对生物的模仿，并通过创造性的劳动制造出简单的工具，增强了自己与自然界斗争的本领和能力。

　　设计师们将来源于自然的灵感应用于日常的设计工作中，以自然界万事万物的形、色、音、功能、结构等为研究对象，有选择地在设计过程中应用这些特征和原理进行设计，就形成了仿生设计。仿生设计目前正在成为工业设计领域的潮流。仿生设计并非对生物的简单模仿，而是要对自然界的"天然设计"进行优化，把握其最根本的特征，并将其应用到设计作品中，从综合形态、功能、结构和材料等多个方面进行设计。从国内外仿生设计学的发展情况来看，形态仿生设计学和功能仿生设计学是目前研究的重点。

8.1　形态仿生

　　形态仿生设计学研究的是生物体（包括动物、植物、微生物、人类）和自然界物质存在（如日、月、风、云、山、川、雷、电等）的外部形态及其象征寓意，以及如何通过相应的艺术处理手法将之应用到设计之中。形态仿生设计是对生物体的整体形态或某一部分特征进行模仿、变形、抽象等，然后将其应用到产品的外形上。由于生物的形态以曲线为主，与现代主义运动以来所形成的几何形状形成了鲜明的对比。仿生的设计形态可以消除人与机器之间的隔膜，对提高人的工作效率、改善人的工作心情具有重要意义。从形态再现事物的逼真程度和特征来看，可将形态分为具象形态和抽象形态。

8.1.1　具象形态仿生

　　具象形态仿生是设计比较逼真地再现事物的形态，使人们能明显地辨认出设计的原形。由于具象形态具有很好的情趣性、自然性和亲和性，人们普遍乐于接受，因此，在玩具、工艺品、日用品的设计上应用比较多（见图 8-1，图 8-2）。但由于某些事物形态的复杂性，很多工业产品不宜采用具象形态。

8.1.2　抽象形态仿生

　　抽象形态仿生是提炼物体的内在本质属性和一些特征，并将其应用到产品的形态中。经过抽象后的某些形态已经看不出仿生原型是哪一种具体的生物形态，只能让人较明显地感受到"像"某个生物形态，同时又不太容易说出源于哪种具体形态。抽象形态仿生需要联想和想象，抽象后的形态既带有自然的美，也包含了对于生活的感受，能够显示出一种含蓄性，因此更容易触发我们的想象，更具有艺术的感染力，达到"形"和"态"合二为一的意境（见图 8-3，图 8-4）。

图 8-1 意大利 Alessi 牙签盒

图 8-2 意大利 Alessi 猫食碗

图 8-3 仿鸟的台灯

图 8-4 仿树木的书架

8.2 材料仿生

　　仿生复合材料（biomimetic composite materials）是参照生命系统的样式和器官材料的规律而设计制造的人工复合材料。关于天然生物材料的近代仿生分析始于 20 世纪 70 年代初期。20 世纪 80 年代后期出现复合材料"仿生设计"的提法。直至 20 世纪 90 年代初期才逐步出现参照生物材料的规律设计并制造的人工复合材料。天然生物器官材料经过亿万年的演变进化，形成机构复杂精巧、效能奇妙多彩的功能原理和作用机制。生物材料也大都是复合材料。仿生复合材料就是向天然生物材料寻找启发并模拟制造的。生物材料机理分析的任务就是以材料科学的观点对生物材料进行观察、测试、分析、计算、归纳以及抽象，找出有用的规律来指导复合材料的设计和研制。

　　2006 年，英国 BAE 系统公司开发出的"人造壁虎"材料成功模仿了壁虎的足结构，让使用这种材料的产品沿光滑表面的垂直"攀爬"变得轻而易举。用手触摸含羞草的叶片，它就会像动物那样收缩。在其启发下，日本奥林巴斯公司的植田康弘研制了一种可以伸到小肠里的内视镜，他在内视镜的筒状部分使用了一种与含羞草叶片表面结构相似的弹性膜材料，这种材料在肠道流体的压力下会沿着轴向自动伸长或弯曲，从而使内视镜的筒状部分与肠道保持同一形状。

8.3　结构仿生

　　结构仿生设计学主要研究生物体和自然界物质存在的内部结构原理在设计中的应用问题，适用于产品设计和建筑设计。结构仿生设计学研究最多的是植物的茎、叶以及动物形体、肌肉、骨骼的结构。在结构仿生方面，工程师比建筑师更善于观察自然界的一切生成规律，并已应用现代技术创造了一系列崭新的仿生结构体系。英国国家航天中心由设计师尼古拉斯·格拉姆设计，是世界上第一个采用仿生结构的建筑物（见图 8-5）。它全部使用轻钢结构，甚至连火箭发射塔也使用轻钢结构。建筑物的外表使用的是太空飞行器所使用的特殊泡沫材料，这样的设计可以保证建筑物的坚固。

图 8-5　英国国家航天中心

8.4　功能仿生

　　功能仿生设计学主要研究生物体和自然界物质存在的功能原理，并用这些原理去改进现有的或建造新的技术系统，以促进产品的更新换代或新产品的开发。

　　人们发现，动植物某些方面的功能，实际上已远远超越了人类自身在此方面的科技成果。生存在自然界中的各种各样的动植物能在各种恶劣复杂的环境中生存与运动，是其运动器官和形体与恶劣复杂环境斗争并进化的结果。植物和动物在几百万年的自然进化中，不仅完全适应了自然，而且其进化程度接近完美。今天，我们生活在科学技术飞快发展的时代，学习和利用生物系统的优异结构和奇妙功能已经成为技术革新和技术革命的一个新方向。

　　例如，在军事方面发挥重要作用的雷达系统，其设计灵感来源于青蛙。科学家根据蛙眼原理，利用电子技术制成了能快速、准确识别目标的雷达系统。惹人讨厌的苍蝇也对仿生设计贡献不小，苍蝇的楫翅（又叫平衡棒）是天然的导航仪，目前广泛应用于火箭和高速飞机自动驾驶的振动陀螺仪就是模仿楫翅设计的。我们常见的冷光源节能照明，其最初的设计灵感来源于萤火虫背部的荧光，根据萤火虫的光能转化原理，人类研制了能将发光率提高十几倍的冷光源照明设备，大幅度节约了能量。

8.5　仿生设计案例

　　仿生学是研究生物系统的结构和性质，并为工程技术提供新的设计思想及工作原理的科学。它在汽车产品性能的提升和发展方面同样潜力巨大。宝马汽车专家基于这一认识，在汽车

的设计和材料的选择中开始了"与大自然合
作"的进程，于是一款成功运用仿生学原理设
计的宝马车——宝马 H2R 问世了。

　　在宝马 H2R 的设计过程中，设计师们首
先发现了在自然界中有很多高度复杂的中空结
构，它们重量保持最轻，却有出色的韧性和强
度，如鸟类的羽毛骨质，螃蟹、蜘蛛等的外
壳。这些正是宝马 H2R（见图8-6）汽车的设
计灵感来源之一。其次，车身结构就像哺乳动
物的骨架，支撑着体内的其他部分。对于宝马
3 系，车身结构重量约占整车的 20%，而人的

图 8-6　宝马 H2R

骨架占人体重的 18%，马的骨架与其总体重之比更是达到了完美的 7%～10%，宝马 H2R 平衡
的秘密就在于设计师以马为鉴，研制了轻质技术。再次，宝马 H2R 氢燃料汽车的最高时速达
300.175km。毋庸置疑，发挥到极致的空气动力学运用是实现这一高速的关键因素。宝马 H2R
外形的设计灵感来自海豚和企鹅的低阻身材。圆鼓的前脸、收起的尾部、极小的正锋面，成就
了宝马 H2R 0.21 的阻力系数，而球的阻力系数则是 0.50。总之，宝马集团的设计师在设计当
中吸收了大自然的灵感，并通过应用仿生学，扩展并推动了汽车产品工艺的传统设计理念，使
宝马 H2R 汽车更轻、更安全、更省油，同时更舒适、更动感。

　　在仿生设计方面做得非常突出的设计师要数德国的设计大师科拉尼。科拉尼（Luigi Cola-
ni，1928～）出生于德国柏林，早年在柏林学习雕塑，后到巴黎学习空气动力学，1953 年在美
国加州负责新材料项目。这样的经历使他的设计具有空气动力学和仿生学的特点，表现出强烈
的造型意识。当时的德国设计界努力推进以系统论和逻辑优先论为基础的理性设计，而科拉尼
则试图跳出功能主义的圈子，希望通过更自由的造型来增加产品的趣味性。他设计了大量造型
极为夸张的作品，被称为"设计怪杰"。

　　自从科拉尼从事设计以来，他便成了仿生设计方面的专家。他认为自己设计的灵感都来自于
自然："我所做的无非是模仿自然界向我们揭示的种种真实。"他的设计理念是："我的世界是圆的，
因为大自然一切都是圆的，地球是圆的，人类胚胎也是圆的，为什么我需要加入一切物体都变成有
棱有角的设计世界呢？我追求伽利略的哲学，我的世界是圆的。"在科拉尼设计的成千上万种产
品中，我们的确看到的都是圆润弧形的设计，它们既好看又符合流体力学（见图8-7、图8-8）。

图 8-7　科拉尼设计的鸟形飞机

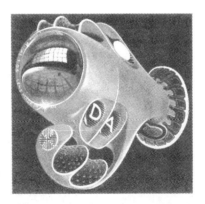

图 8-8　科拉尼设计的鱼形摄像机

习　题　8

8-1　找到某个生物的图片，对其形态进行研究，抓住其主要特征，然后结合某个产品的功能和结构，做一个仿生设计。

8-2　从网上搜索一些仿生设计的案例，评价其优劣，讨论原因。

第9章 人性化设计

人性化设计理念不是由一场设计运动或一个设计团体提出的，而是人类一直追求的设计目标。它没有确切的开始，也没有终结。包豪斯在他的宣言中就曾提出："设计的目的是人而不是产品"。设计界对于"人性化"一词已有多种阐释，虽然侧重点各有不同，但是出发点和核心只有一个，那就是"以人为本"。人性化设计是以人为中心和尺度的，在设计行业随着世界经济蓬勃发展的今天，"人性化"的设计观念早已经深入到设计领域的方方面面，无论是建筑、纺织、服装设计还是机械、家电以及日用品设计，都在追求对"人性化"的表现。设计的人性化已经成为设计的一个基本出发点，成为评价设计优劣的最佳标准。

9.1 人性

提到人性化设计，就有必要谈谈什么是"人性"。这是一个自古以来就一直探讨却没有得出一致定义的问题。人性是人的本质，是人区别于其他动物的特质和基本属性。人为了生存而占有空间以及食物等，从其以外的其他生物角度讲，可以有善和恶（这个由利益的得与失而产生的）两种说法；从人自身角度讲，并无善恶可言（其得以生存并非因为善；得以终结亦非因为恶）；而从社会学角度讲，人性这个词被赋予了种种行为规范，符合某个利益体的行为规范，就叫"有人性"，同时换个利益体，又可以叫"没人性"。

中国的圣哲前贤们大都从社会伦理的角度来阐发人性。文艺复兴后的欧洲资产阶级则把人性看作感性、欲望、理性、自由、平等、博爱等等，他们大都从人的本质存在以及天然权利等角度来阐发人性，起因则在于反对封建制度对个性的束缚。

如果从善恶的角度来讨论人性，有三种代表性的观点：

（1）人性本善论。

孔子、孟子认为："人之初，性本善"；并宣扬仁、义、礼、智、信。

（2）人性本恶论。

儒家荀子认为："人性本恶，其善者，伪也"；基督教有原罪说，认为任何人生来即是恶人，只有笃信上帝，才可能获得灵魂的拯救。

（3）阶级性的人性。

马克思认为，没有超越阶级的人性。

还有一种说法把人性划分为三个层次：

（1）人性的第一层——生物性，偏于恶；

（2）人性的第二层——社会性，善恶交错；

（3）人性的第三层——精神性，偏于善。所谓精神性，是指作为人应有的正面、积极的品性，比如慈爱、善良，类似于英文中的 Humanity。通常所说的人性，以第三层次的涵义居多。

9.2 产品的人性化设计

人性化设计是以人为中心和尺度的设计，满足人的生理和心理需要以及物质和精神需要。人性化设计在设计产品时力求从人体工程学、生态学和美学等角度达到完美，使产品实用、方便、舒适，并关注细节设计，在心理上体现产品对人的关怀和交流，从而真正实现科技以人为本的目的。人性化设计是科学和艺术、技术与人性的结合，科学技术给设计以坚实的结构和良好的功能，而艺术和人性使设计富于美感，充满情趣和活力。

9.2.1　物理层次的人性化设计

从产品的使用角度出发，关于产品结构和功能方面的设计对人类工作和生活需求的直接满足，是被认可和使用的首要条件。这是物质的层面，也是设计所应该满足的最为根本的层面。当现代产品已经具有通常意义上的结构和功能时，产品对市场占有和发展的潜力就主要表现在其对更为周到、便捷和体贴的功能的开发上。这是对人类工作生活需求的具体关怀。目前，物理层次的人性化设计已经出现了三个重要的趋势：

（1）在原有基本功能的基础上，延伸设计出更加完善的附加功能。这多表现在产品智能化的设计上。比如在家电市场进一步细分的大趋势以及产品基本功能在各品牌都能完全实现的情况下，产品设计趋向人性化已经是各品牌厂商提高自己竞争力的不二法门。

（2）通过对于产品操作性能的设计开发，满足使用者方便、快捷的要求。在这一点上，遥控器的发明和广泛使用是人性化的最好例证。遥控器小巧、轻便，使用它不必移动位置就可以轻松、快捷地完成对于一定距离以内的产品的操控，这是对人类最为细心的关怀。

（3）产品外形日趋小巧，并且多功能复合，便于随身携带和随时使用。在过去的几十年里，电子计算机由一个大房间也装不下的庞然大物变成了可以置于办公桌上的台式电脑，后又晋升为可以装在公文包内随身携带的笔记本电脑。这个过程无疑是科学技术进步的结果，同时，也是以人为本的设计思想的体现。

对产品结构和功能方面的设计并不属于艺术设计的范畴，但它却是产品设计中的重要内容。现代设计是科学与艺术、技术与人性的结合。科学技术带给设计以坚实的结构和良好的功能，而艺术和人性使设计富于美感，充满情趣和活力，成为人与设计和谐亲近的纽带。所以，这里所谓的设计人性化中的"设计"并非仅仅指艺术设计，因为产品是包含内部结构和功能与外在形式美的综合体。更准确地说，科学技术的人性化设计满足了人的生理需求，使人感到方便快捷、舒适省力，这种在细节上无微不至的关怀往往可以转化为心理上的感动。

例如 iPhone 手机所采用的四大人性化科技。iPhone（见图 9-1）将创新的移动电话、可触摸宽屏的 iPod 以及具有桌面级电子邮件、网页浏览、搜索和地图功能的突破性因特网通信设备这三种产品完美地融为一体，引入了基于大型多触点显示屏和领先性新软件的全新用户界面，让用户用手指即可操纵产品。它还开创了移动设备软件尖端功能的新纪元，重新定义了移动电话的功能，并采用了四大人性化科技。

（1）光感应：iPhone 可以根据周围环境，自动调节屏幕的亮度，因此不但可以省电，而且可以让用户的眼睛得到最佳的视觉效果。其实这项技术已经很常见了，甚至在摩托罗拉和索尼爱立信的多款低端手机上都能见到，但是这项感应技术的确是非常的实用。

（2）红外感应：当用户脸颊贴近屏幕的时候，系统认为人在听电话，就会自动关闭屏幕以达到省电的目的。其实诺基亚 7650 是率先拥有这个感应功能的，但是 iPhone 手机的感应更加敏锐。

图 9-1　人性化设计的 iPhone

（3）加速度感应：当机器做自由落体运动时（从高处坠下），操作系统会自动关机，以减少可能造成的不必要损害。但试想一下如果 iPhone 手机真从 20 层楼高的地方摔下来，就算是系统能够自动关机，但它还能保住些什么呢？

（4）湿度感应：当 iPhone 手机不幸落水或者带入蒸汽浴室内，操作系统会检测到湿度变化，然后便会自动关机以减少可能造成的不必要损害（电子元件在高湿度的环境下工作很容易发生短路等机械故障），这项技术可以很好地保障 iPhone 手机电子元件的安全。

又如东风标致 307 车内的人性化设计。东风标致 307 的创新价值在车内人性化设计上得到了淋漓尽致的发挥，除了轿车常规的配置外，东风标致 307 的车内更有多个别具匠心的创新设计，让驾乘者充分获得驾乘乐趣（见图 9-2）。

图 9-2　东风标致 307 车内的人性化设计

东风标致 307 内部储物、搁置物品的设置无处不在。副驾驶前台配置一个 17.5 升的冷藏/保温两用储物箱，同时设置了几个精致的舱盒可以置放笔记本等私人物品。驾驶室 2 个座椅下都设置了抽屉，可以置放文件等物品。宽敞的后部设置了 3 个座椅，中间坐椅背部可以存放饮料，放下时即可成为一个迷你吧台。车顶的空间也得到最大的开发，顶灯处设有眼镜盒（带天窗车型除外），司机位遮阳板上有一个票夹，后座扶手上有钩子可以挂衣服。此外，车内还有一个 506 升大容量行李箱，备胎两边的空间有两个专用挂钩，一个行李固定网，备胎后面的储物空间被地毯保护。

9.2.2　心理层次的人性化设计

人性化设计除了从技术角度为人类提供舒适和便利，从而获得使用者心理的感动外，还更加主要地表现在通过艺术设计的手法来体现人性化设计的宗旨。人性化艺术设计多是通过某种经历、经验、习惯或情绪等多种因素的联想而引发的情感共鸣来产生设计效果的，它受到多种艺术风格的影响，手法多种多样。但是无论通过何种途径、何种方式来表达，人性化艺术设计的中心总是停留在对产品的幽默感、趣味性和人情味的表现上。因为这种效果容易使人感到安慰、亲切和舒适，从而对本来没有生命的物体产生情感，就好像它是有生命的一样。

Xpress 车（见图 9-3）是 Fiat（菲亚特）的一个特殊的贴心设计，在其后视窗上有一个LED 的显示屏，对应的，在驾驶舱的主面板里有一个控制器，控制器上包含几个设计好的符号，就像你在图 9-3 中看到的，有 V 字手势或者心形图案等。当驾驶者按了控制器上的某个符号，LED 显示屏就会显示相应的图案。还有在韩国大受欢迎的微笑系列餐具，它们让人们在用餐时不由得发出会心的微笑（见图9-4）。

图 9-3　Fiat 贴心的设计 Xpress

图 9-4　韩国大受欢迎的微笑餐具

9.3　人性化设计的人群细分

设计是为人服务的，因此对于不同的人群也应有不同角度的关怀，尤其是对那些在工作和生活中存在着障碍和自由行动受到限制的弱势人群。从这点来看，通用设计也是人性化设计的一种体现。这里所指的弱势人群主要指老年人、儿童和残疾人三种在社会中需要各种特殊关照的人群。针对弱势人群的人性化设计主要包括两种类别：

（1）弱势人群专用器具设计，比如轮椅、残疾人专用的电脑操作器、助听器、幼儿专用餐具、肩式儿童吊兜等。

（2）在公共环境中设置的弱势人群专用设施，如残疾人坡道、盲道、儿童楼梯扶手、公用卫生间中的儿童洗手池等。

以上的设计减少了弱势人群生活中的不方便和对他人的依靠，帮助弱势人群尽可能地独立生活、建立信心和自信，增强了弱势人群参与社会的意识，使他们更多地感受到社会的关怀和人间的温情，获得自由平等的生活权利。

以往残疾人轮椅、婴儿推车想上公交车是件非常困难的事。人性化设计的新公交车有了可以方便轮椅和婴儿推车通行的现代化设备——自动伸缩坡道（见图9-5）。在司机手旁和下车门旁边各有一个特殊的黑色长方形按钮，有需要时，司机可以分别按下两个按钮，公交车下车门处就会伸出一个长方形钢板，自动连接地面形成一个坡道，这样轮椅和婴儿车可以很容易地进入公交车厢。另外，与普通公交车不同的是，新公交车为残疾人的轮椅专门开辟了一个区

图 9-5　人性化设计的新型公交车

域，并在车内的地板上标注了明显的残疾人专用标识。这个区域在四周都安装了围挡和扶手，防止残疾人的轮椅在行驶中因颠簸而受到冲撞。在这个区域内，座位都是折叠座，需要大空间时可以折起来，放置车辆，乘客多时可以把椅子放下用以乘坐。

图 9-6 所示的是东京车展上丰田公司设计的一款残疾人专用汽车的概念车，是更高档的残疾人专用车，它通过轮椅升降装置直接将人连人带轮椅送进驾驶位，驾驶者就坐在轮椅上驾驶。

图 9-6　日本残疾人专用汽车的概念车

习　题　9

9-1　网上搜索或现实中寻找人性化设计的产品，陈述观看、使用体验。

9-2　讨论现象中你未来的房子应该如何进行人性化设计。

第 10 章　产品形态设计

10.1　形态概述

10.1.1　形态的概念

"形"是事物可见的外在的体貌特征，包括事物的体量大小、线形曲直、凹凸方向、空间虚实、色彩、质感、肌理等。"态"则是指产品可感觉的外观形状和神态，借由形传递一定的信息（如产品的开启、使用的方式等）、情感和文化等。产品形态可分为具象形态、抽象形态、几何形态和偶然形态。

10.1.2　形态设计的作用

产品形态作为传递产品信息的第一要素，能使产品内在的功能、结构和内涵等本质因素上升为外在表象因素，并通过视觉使人产生一种生理和心理的感受。产品形态是产品外在的表现形式，是信息的载体。设计师利用产品的特有形态向外界传达设计师的思想和理念。消费者在选购产品时也是通过产品形态所表达的某种信息内容来判断和衡量与其内心所希望的是否一致，并最终做出购买的决定。

产品形态设计是指工业设计师利用产品形态的表现要素，利用一定的美学法则，塑造出一定的产品形态，并传达一定的信息。形态设计对建立产品品牌的综合品质、唤起消费者购买欲望和感情具有重要的作用，因此是工业设计的重心。

10.1.3　形态设计的要求

形态设计有可行性、创新性、美观性、指示性以及象征性方面的要求。

（1）可行性。形态设计要符合产品功能和结构功能的要求，易于制造加工。

（2）创新性。形态设计要给人带来新的视觉感受或使用方式。

（3）美观性。形态设计要给人美的视觉享受，使人心情愉悦。

（4）指示性（产品语义）。形态设计应传递信息，暗示用户如何使用。

（5）象征性。形态设计应符合品牌的核心价值，并具有一定设计内涵。

图 10-1　"时代之风"香水

例如"时代之风"（L'air du temps）香水瓶设计。"时代之风"是当今世界上最为畅销的法国高级香水之一，它是东方花香调的代表作，有难得的清香，独树一帜。"时代之风"香水最为著名的是其"和平鸽"造型的水晶瓶子（见图10-1），该香水瓶是由著名的设计师马克·拉利克设计的。

"时代之风"香水瓶设计想阐述的是经过大战后，和谐与平安已降临，人类对平安的渴望以及平安给人心灵的抚慰。水晶制成的一对正在展翅飞翔的和平鸽，晶莹剔透，栩栩如生，象征飞翔的时代与时间，爱和温柔与香水的浪漫自然风格相映照。和平、青春永恒，忘却战争的阴影，无忧无虑、轻松的生活，是这个浪漫品牌最完美的诠释。同时，"时代之风"在每一瓶香水的瓶盖上都用手工将羊肠线牢牢绑在水晶瓶上，这寓意第一个打开香水瓶的主人将有好运。这款香水在东方深受欢迎，而这个品牌成为名副其实的国际巨星。

10.2　形态设计要素的特征及应用

视觉设计中各种各样的形态，不管是自然形态还是几何形态，无论是抽象造型还是具象造型，都是由点、线、面等要素构成的。著名的艺术大师康定斯基专门写过一本《点线面》的书，系统分析了造型艺术与设计中的点、线、面等基本要素及其相互的关系。点、线、面等要素具有不同的心理特征和作用，但同时它们又是互相联系的，因此在产品形态设计中要灵活地运用这几个要素。几何学中的点、线、面都是只能感知不能被表现的，造型活动中必须把这些概念上的点、线、面直观化，变成视觉形象，而视觉形象是视觉引起的心理意识。

10.2.1　点的特征及应用

点在几何学中是无大小的，存在于两线相交叉处。而造型设计的点表示位置之所在，面积相对较小，没有固定的形状，是视觉造型设计语言的出发点。点的特征与形态无关，具有收缩感，在设计中起确定位置、使视觉高度集中的作用。点的面积越小，越容易圆化。另外点的多少、大小、距离等的不同，其心理特征也不相同，分别介绍如下：

（1）一点：在中央，最引人注目；在上方，给人一种上升感；在下方，给人一种稳定感（见图10-2）；在一侧，则有倾向一边的动感。

（2）两点：同样大小的两点，有一种产生无形的线和作用力的感觉，人的视线在两点之间来回移动，两点距离越远，产生的作用力越强；一大一小的两点，产生由大到小的动感，大点为视觉停歇点（见图10-3）。

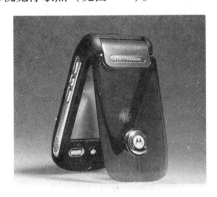

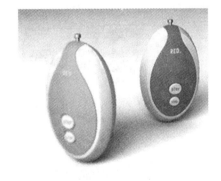

图10-2　一点在产品中的运用　　　　　　图10-3　两点在产品中的运用

（3）等大等距的奇数点：给人一种稳定感，中点为视觉停歇点（见图10-4）。

（4）点的组合：点的运动、分散与密集，可以构成虚线或需要的一些特性。点聚集在一起，并利用不同的排列组合可以构成有规律的图形，能表示出特定的意义（见图10-5）。

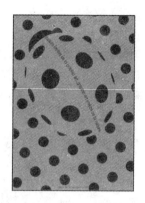

图 10-4　等大等距奇数点的运用　　　　　　　　图 10-5　点的组合

10. 2. 2　线的特征及应用

　　线在几何学中是点移动的轨迹，有长度和位置，但没有宽度和厚度。在造型设计中，矩形的长与宽之比悬殊则为线，当长与宽之比小于 3 时则为面。线有粗细，有方向，它的作用是分割画面、贯穿空间、指示方向。

　　（1）直线：给人运动感和方向感，具有坚硬、力量、严谨、简单、正直的性格，是男性的象征，但有时也给人冷漠的感觉。

　　1）水平线：水平线是其他所有线的基础，故被称为水准线。它给人以宽阔、延展、永恒、稳定等感觉。在产品中常用水平线作为形体和表面的分割线，给人以稳定感，还用它联系分散的局部，造成统一和谐的感觉（见图 10-6）。同时，水平线还具有平稳的流动感，所以在汽车上用它作为动态线。

　　2）垂直线：给人庄重严肃、坚固沉重、挺拔向上的感觉。设计中常采用加强垂直线的手法来使设计的产品具有刚直、挺拔有力、高大庄重的艺术效果。垂直线用于标志的也比较多，能体现企业不断向上发展的精神面貌（见图 10-7）。

"金色华尔兹"住宅小区

图 10-6　水平线的运用　　　　　　　　　　图 10-7　垂直线的运用

　　3）倾斜线：散射突破，给人一种不安定的感觉，但有一种强烈的动感。实际应用时，水平线、垂直线和斜线并用，可以达到静中有动、动静结合的意境（见图 10-8）。

　　4）折线：给人一种连续、波动重复的感觉，有较强的跳跃动感，且富于变化（见图 10-9）。折线要应用恰当，否则可能引起动荡、跳跃、不稳定的效果，从而破坏产品的安定性。

图 10-8　倾斜线的运用　　　　　　　　　　图 10-9　摩托罗拉 SLVR L7

　　（2）曲线：具有自由、浪漫、动感、优美的性格，是女性的象征。曲线包括几何曲线（圆、椭圆、抛物线等）和自由曲线。几何曲线具有规整、秩序、连贯流畅的特点（见图10-10）。自由曲线按其曲率的大小具有不同程度的动感，常给人以轻松、柔和、优雅、流动的感觉，并让人联想到自然界的生物形态，具有人情味和生命力（见图10-11）。

图 10-10　螺旋线在烟灰缸的运用　　　　　图 10-11　自由曲线在平面设计中的运用

10.2.3　面的特征及应用

　　面在几何学中是线移动的轨迹，是平面上实在的形。而造型设计中的面是轮廓所包围的面积，只有大小而无厚度。面包括实形的面和虚形的面（由多个点或多条线组成）。面的作用是分割空间。

　　（1）矩形：矩形最基本的表现是正方形，它既有直线形态刚直、明快的特征，又有水平和垂直相结合的稳定感，同时又具有等量形态的和谐和条理性。矩形是产品设计中最为常用的形状，具有理性、规整、冷漠等性格。

　　（2）三角形：正三角形给人的感觉极其稳定、牢固。但随着三角形边长和角度的变化，其心理效应也发生变化，开始具有动感和指示性。三角形的包装在矩形包装的海洋中显得十分抢眼（见图10-12）。

　　（3）圆形：给人以完美、饱满、循环、生生不息的感觉。

（4）自由形：给人以自由、灵活、动感、奇特等感觉（见图 10-13）。

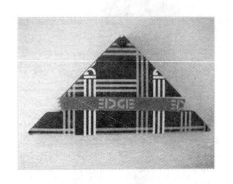
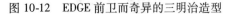
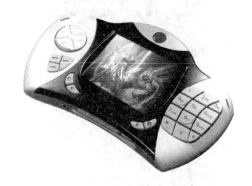

图 10-12　EDGE 前卫而奇异的三明治造型　　　　图 10-13　游戏机自由形面的运用

10.2.4　体的特征及应用

体在几何学中是面移动、旋转或组合后构成的实体。而在造型设计中的体，既包含实体也包括虚体。体的作用是占据空间。体的性格不仅由其轮廓线决定，还由其体量决定。体按照线型可分为几何体和自由曲面体等。按照体的构成方式又可将体分为线材体、面材体、块材体和组合体。

（1）线材体：线材体是由长而细的线材按照一定的骨骼组成的形体。具有流动感和空灵感，特别是随着光线的变化，线材体会产生奇妙的光影效果（见图 10-14）。

（2）面材体：面材体是由薄而宽的面材通过压弯、扭曲等方式组成的形体，具有延展性和流畅感（图 10-15）。

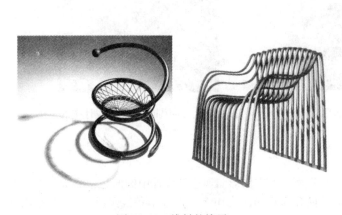

图 10-14　线材的椅子　　　　　　　　图 10-15　面材的灯具

（3）块材体：块材体是具有一定长宽高的单一几何体或自由体，包括实体和虚体，具有厚重感及坚实、稳重等性格（见图 10-16）。

（4）组合体：在产品形态构成中，按功能与结构的要求，将不同的单一形体拼合在一起构成造型的基本形体称为组合体。组合体按形体之间组合性质和形式的不同又有以下几种基本组合方式：

1）堆砌组合：形体由下而上逐个平稳地堆放在一起构成一定形状的组合（见图 10-17），

图 10-16 中空的香水瓶

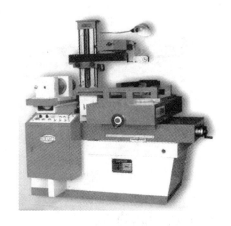

图 10-17 精密数控电火花切割机床

一般常见于大型复杂的机器。

2）接触组合：形体的线、面在垂直方向相互接触，但并不连接的组合（见图 10-18），一般常见于组合家具、成套机床等。

3）贴加组合：在较大形体的空间侧壁上悬空的伸出较小形体的组合（见图 10-19）。

图 10-18 电火花控制柜

图 10-19 烤肉炉

4）镶嵌组合：一个形体的一部分嵌入另一个形体的某部分之中的一种组合（见图10-20）。这种组合方式构成的形体具有组合数量少，但形体凹凸变化较多的特点，具有形象生动多变的视觉效果。

5）贯穿组合：一个形体穿插过另一个形体的内部构成的一种组合（见图 10-21）。形体相贯的方式很多，视其形体特性与方位的不同可得到不同的贯穿交线，交线的性质与变化对整体的线型协调性有一定影响。

6）连接组合：多个单元体通过一定的联结方式成为一个整体，如插接、绳结等（见图 10-22）。这种连接可拆卸，并可重新组装或变换组合。

图 10-20 电话

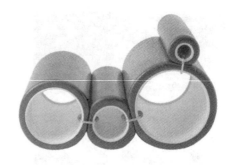

图 10-21　烟灰缸　　　　　　　　　　　　图 10-22　组合躺椅

10.3　产品形态的语义

10.3.1　传达产品使用信息

产品通过其外形（线条、空间感）、色彩、材质和肌理等形态要素传递产品的使用信息，如产品的功能和使用方式，具体如下：

（1）赋予形态的形象识别和对产品的解说力，如推、拉，握、捏，按、拨，提、压，旋、转等形态的正确操作和产品的正确使用，使用户在不用产品使用说明书情况下也能避免错误操作（见图 10-23、图 10-24、图 10-25）。

图 10-23　挤的形态之一　　　　图 10-24　夹的形态之一　　　　图 10-25　套的形态之一

（2）确立一种全新的、可行的、更适合于人的未曾有过的使用方法。使用者从形态中就能读懂设计者的意图，并获取所喜爱的和新的信息。如图 10-26 所示的终端机，按键的独特操

图 10-26　独特的终端机

作方法和话筒的独特搁放固定方法都给人一种全新的视觉感受和实用体验。

具体产品信息的传达方法如下：

（1）经验观：凭借经验判断这是什么？可视的或可触的？安全的或危险的？机械使用或灵活拆解拼装……

（2）天性观：圆滑流线与锋利尖锐带来的亲和可触和刺激不可触；色彩与环境的协调；突出物与光滑面对人操控作出的相应反应状态……

（3）功能感知观：通过视觉、听觉、触觉等感知，达到主观认识上的可转变性——触觉肌理的视觉美观和增加摩擦力的作用；石头的坐的作用；树和墙的靠的作用；坐具的案桌作用等……

例如传真机。形态感受是层叠的纸、翻动的纸、"流动"的纸。形态的语义告诉我们（见图10-27），产品是针对纸张的器物；经验告诉我们纸是轻柔的，工作界面不是供作其他用途的；天性告诉我们尖锐的转折，不应是手接触的部位；功能感知告诉我们手触部位和纸的进出口位置。此外，该款传真机取纸的部位和装纸的屉盒有指示标识和符合功能的造型形态。

图 10-27 传真机的形态语义

10.3.2 产品形态的象征语义

产品的形态除了暗示其功能、使用方式等信息外，更重要的是它能展示个性、美感或人情味，反映设计潮流趋势，体现人文艺术价值观等，并可唤起使用者的美好情感、引发想象、刺激购买欲望。

Bookshelf audio（见图10-28）是 Philips（菲利浦）公司推出的全新的家用播放系统中的一种。不难看出，该款产品是专门为书房设计的，它隐藏于书中，并采用了书的外形，显得不冒失，起到了很好的融合作用。

图 10-28 菲利浦公司的 Bookshelf audio

又如 Alessi 产品设计的艺术。意大利品牌 Alessi（阿莱西）成立于 1921 年，是意大利的一家传奇工厂，虽然它以制造优良餐具和厨房用品闻名，但坚持自己是"艺术实验室"而非工厂。Alessi 的后现代风格设计颠覆了传统的消费美学，简约的线条设计和异想天开的作品构思让产品每每推出都获得无数好评。据说每年堆在 Alessi 办公桌上的设计专案达 300 多件，但最后生产出来和大众见面的只有 100 多件。Alessi 在设计中的严谨态度可见一斑。

自创办以来，从最初的铜制餐具到 20 世纪 30 年代被称为早期意大利设计原型的"甜瓜型"咖啡茶具（Bombe tea and coffee sets），再到第二次世界大战后大规模生产的不锈钢器具，以及现在更年轻化的颜色丰富的塑料家品，Alessi 在不同的年代掀起了不同的设计高潮。

　　由于出自意大利，Alessi 和许多意大利品牌一样，不但是一个商标，同时也是一个家族的名字。意大利盛产设计大师，意大利品牌也乐于"利用"设计大师。这一规律在 Alessi 身上同样有所体现。可以说，Alessi 是把顶级的设计师使用得最到位的一个品牌，和 Alessi 合作过的设计师多达 200 余位，他们为这个品牌共创造了 600 多个系列的产品，其中许多设计中包含的某种趣味性，直到现在还让消费者爱不释手。同时，不难发现，为 Alessi 提供设计的这些世界级大师正在逐渐调整方向，让自己的家居作品更加富有人情味和更加情感化。而不同的塑胶材料也越来越频繁、越来越艳丽地出现在 Alessi 的产品之中。

　　Alessi 卫浴组合（如图 10-29 所示）以人形为基本元素，风趣幽默地再现了现实生活中人的情态，左右对称的设计使得产品更加牢固。

图 10-29　Alessi 卫浴组合

　　Alessi 在 2009 年与台北故宫博物院合作推出了新的 The Chin Family（清宫系列商品）（见图 10-30）。代表着东方传统的故宫与代表着西方现代设计的 Alessi，两者擦出了令人满意的火花，一者借由设计名师的创意，让旧东西有了新花样，一者借由东方灵感，让工艺品有更深远的意义。故宫这些珍贵宝藏的质与量当然不容怀疑，但如何让人对它有新的观感、创造新的吸引力甚至产生新的商机等等，都是博物馆经营的大学问。Alessi 著名设计师 Stefano Giovannoni 从乾隆皇帝肖像获得灵感并创作的系列作品，让一个个眉眼细长、头戴清代官帽、穿清代服饰的吉祥人偶，飞上椒盐罐、手机吊饰、钥匙圈、瓶塞等生活工艺品。台北故宫博物院与 Alessi 品牌合作的模式有三，除了上述以吉祥物为图腾发展系列商品外，也将以故宫文物为灵感，创作沟通东西文化桥梁的物件，另一模式则是在不改变故宫典藏器物外形的前提下，借改变器物的材质来创新设计。

图 10-30　Alessi 与台北故宫博物院合作推出清宫系列商品

习 题 10

10-1 运用形态设计要素，对某一产品进行形态创新设计。

10-2 在生活中寻找一些形态语义设计优或劣的产品，并进行评价和改进设计。

第 **11** 章 形式美法则

设计是一种创造行为，但要创造出谐调优美的产品，其产品形态必须满足基本的美学法则。这些美学法则是人类从长期的审美实践中总结提炼出来的，是不会变的。而审美意识随着时代的发展、科学技术的进步、人们观念的变更以及地区和民族的不同会有差异和变化。这是由事物的内在规律所决定，变化的事物总存在着不变的共同规律。对于各种各样的产品形态而论，成功的产品形态共有的规律是变化统一。

11.1 变化与统一

变化与统一是形式美法则的集中与概括。产品造型的变化是相对于统一而言的。变化即寻找产品要素之间的差异和区别，可引起视觉美感的情趣，增强物体形象的活跃和生动感；统一则是寻求它们之间的内在联系——共同点或共有特征，增强产品的条理与和谐的美感。

过分统一则平淡乏味，缺少瞩目性；过分变化则杂乱无章，缺乏和谐及秩序。在变化中统一，在统一中变化。在统一中寻求适当的变化是取得造型形式和谐有序，且丰富多彩、生动活泼的基本手段。

11.1.1 调和与对比

调和是指对组成产品的各部分，应尽可能地在形、色、质等方面突出共性，减弱差异性，使造型体各部分间美感因素的内在联系加强，从而得到统一、完整、协调的效果。调和统一的方法很多，应该根据产品的功能、使用场合、使用对象等对其进行结构线型、零部件线型、整体线型、色彩以及分割与联系的调和统一处理。

（1）呼应：指在被塑造的单个产品的不同部件或系列产品的不同单体上，运用相同或相近似的细部处理，使它们在线型、方向、大小、色彩、质感及面饰方法上的艺术形式具有一致性。通过使具有共性的因素重复出现和相互对应联系，造成相互呼应补充而形成统一的感觉。调和手法特别适于设计系列或成套的产品，它可以使产品具有非常和谐统一的整体风格，又不乏各具特色（见图11-1）。

（2）过渡：指在产品的不同形状的部件之间采用一种使两者相互联系、相互演变的设计，

图 11-1 系列香水瓶设计

使它们之间互相协调，从而达到整体形象完美统一的效果。过渡统一不仅表现于形体和线型，也可以利用色彩和质感的过度来表现变化因素中的协调成分，使产品的整体效果和谐统一。

1）流线型过渡或圆角圆弧过渡（见图11-2）。

2）斜面或修棱过渡（见图11-3）。

图11-2　尼康魔术盒CS数码相机　　　　　图11-3　个人商务助理

3）当球体或者柱体与长方体相连接时，沿它们的切线连接或者对称地连接。

4）用深色材料、色带或者凹槽将不同部件分离开。

对比主要是为了突出表现产品造型各要素的差异性，包括形状、方向、空间、色彩、质感、肌理等要素的对比。

（1）体量对比：体量对比一般是因形状相同，而大小不同所发生的对比关系。构成产品各部分的体量主要是由产品的功能结构要求所决定的，但可适当地调整各部分的体积，做到相互衬托、互相弥补。大体量引人注目，使人觉得突出，而小体量显得精巧，可点缀整个产品。谐调主要是谐调主从关系，并保持适当的对比差异梯度。

（2）形状对比：形状对比在产品设计中是较为常用的设计手法。原因有二：一是产品各部分的结构不同，产生了多种结构形态，将这些不同的结构形态加以整合，就需要运用形状对比的法则；二是为了丰富产品的整体造型，为了达到功能与美的和谐，设计师需要运用形状对比的法则。产品的形态是由体和构成体的面所决定的，形状对比是不同形体以及不同的面的对比，如方与圆、长与短、扁与厚、高与矮的对比等等。

（3）线条对比：产品中线的存在形式有面与面的相交线、结构线、不同颜色的相交线，以及装饰线；还有虽不存在，但人们可以感觉到的线，如曲面轮廓线、高光线，以及明暗交界线等。无论是实际存在的线，还是不存在的线，视觉中都可以感觉到，所以都影响产品的造型，不可忽视。

（4）虚实对比：在产品设计中，虚实的对比是使产品具有更明显空间感的设计手法。实指密封的板面，虚指凹入或者通透的部分。在产品中虚部通常由散热孔、进出风口、喇叭孔及凹的格板或网格组成，有些是有功能作用，有些则纯作装饰。实给人完整的平面感，觉得厚实、向前突出；虚给人丰富的变化感，觉得通透、轻巧、略向后隐退。适当的虚实对比，可使简单的平面丰富起来。无论是以虚面为主，还是实面为主，两者对比都可以互相装饰，互相刻画，产生前后节奏感（见图11-4）。

（5）方向对比：人们观察物体时会发现物体内有一种倾向性张力，物体在这种视觉张力的作用下有向某个方向扩张的暗示。在造型设计中，应用方向对比可以使产品造型更富有变化，形成空间立体交错的视觉效果。方向的谐调通常采用主从关系来达到。

（6）质感、肌理对比：质感、肌理是现代产品设计中不可忽视的元素。质感是指材料的天然质地，如材料的固有色泽、纹理、触感等；肌理是指人为的质地，是人有意识地在产品表面留下的构造。质感和肌理产生不同的视觉和触觉效果。在考虑质感、肌理的对比时，要考虑宜人性、产品的特征、材料的特性和易加工性等。

例如奥林巴斯 E-520 半自动数码相机（见图 11-5）。在手握处，该款相机根据手握动作的特点设计成了凸出的圆弧形，并且采用了细腻柔软的橡胶和极富质感的颗粒涂层。此处与相机主体形成肌理的对比，既使相机造型丰富，又使用户手感舒适，带给使用者尊贵的感受。

图 11-4　三星数字电视　　　　　　　　　图 11-5　奥林巴斯 E-520

（7）色彩对比：色彩作为产品设计的相关要素，对产品具有相当的影响。色彩的对比与谐调相对来说比较易于理解。一般来说，一件产品采用的颜色不能太多，且不宜大面积使用互补色。

11.1.2　节奏与韵律

自然界中的许多事物和现象，往往由于有规律的重复出现或有条理的秩序变化而激发人们的美感。山峦的起伏、向日葵的花瓣、树枝上排列的树叶等都是节奏与韵律的良好范例。这种美的形式激起人们有意地模仿和运用，因为爱好节奏和谐之类的美的形式是人类生来就有的自然倾向。节奏是一种条理性、重复性、连续性的艺术形式的表现。韵律则是指物质周期性地有组织、有规律重复变化的一种运动形式或变化现象。韵律的特征主要有表现形式重复、间隔间距相等、轻重缓急交叠。韵律是节奏内涵的深化，在艺术内容上倾注节奏以感情的因素。韵律美的存在形式有五种：

（1）连续韵律：以一种或几种要素连续地排列（见图 11-6）。

（2）渐变韵律：连续重复的要素按一定的规律逐渐变化，包括形状的渐变、方向的渐变、位置的渐变、大小的渐变、色彩的渐变和骨骼的渐变等（见图 11-7）。

（3）起伏韵律：保持连续变化的要素时起时伏，具有波浪状的韵律特征（见图 11-8）。

（4）交错韵律：连续重复的要素相互交织穿插，产生错落有致、时隐时现的韵律美（见图 11-9）。

（5）发射韵律：造型要素围绕一点，犹如发光的光源一般向外发射所呈现的视觉现象，包括中心点的发射、螺旋式的发射、同心式的发射等（见图 11-10）。

图 11-6 不锈钢餐具

图 11-7 东海岸咖啡馆　　　　　　　　图 11-8 丹麦的波浪形建筑

图 11-9 错落有致的建筑群　　　　　　图 11-10 明基的 Joybee102

　　特异是指构成要素在有秩序的关系里，有意违反秩序，使少数个别的要素显得突出，以打破规律性。特异的效果是从比较中得来的，特异通过小部分不规律的对比，使人在视觉上受到刺激，并形成视觉焦点，打破单调，得到生动活泼的视觉效果。应注意特异的成分在整个构图中的比例，如果特异效果不明显，不会引人注目，而过分强调特异则破坏了统一感。在一般特异的构成中，只使一两项视觉元素出现特异。特异包括形状的特异、大小的特异、色彩的特异、方向的特异和肌理的特异等。

　　道奇公司的平面广告（见图 11-11）就采用了特异的手法，整个画面布满若干完全相同、其貌不扬的螺母或鸟，但在右下角突然出现一个颜色鲜艳、外形亮丽的事物，打破了整个画面的单调和平淡，很好地契合了广告的主题——道奇，与众不同。

图 11-11　道奇汽车公司的广告

11.1.3　主从与重点

在风格、色彩、形态、材料、肌理等要素的对比与变化中，有主次之分。主体决定性格，重点起突出和画龙点睛的作用，是视觉的停留点。一般选择功能或视觉的重要部位为重点（见图 11-12）。心理学实验表明，人的视觉在一段时间内只可抓住一个重点，不能同时注意几个重点，即"注意力中心化"。

图 11-12　大腰带扣绊的服装设计

11.2　均衡与稳定

（1）对称：是指设计元素几乎是等距分配，成镜面对称或中心对称（见图 11-13）。工业产品的造型设计多采用对称手法，以增加产品的秩序和稳定感。

（2）均衡：是指设计元素不对称布置，但达到视觉力的平衡（见图 11-14），这种平衡不存在中心线和中心点。在产品设计中，不对称平衡的例子很多，一方面因为结构功能要求不对称，另一方面是因为它使得造型更丰富、有变化、更具趣味。

（3）稳定：产品通过形态、色彩、材质等呈现轻重感。这种稳定主要指视觉上的稳定。稳定感给人以安定、平稳之感；不稳定给人以不安、危险、运动之感。增加稳定感的方法如下：

图 11-13 中心对称的灯具

图 11-14 均衡的台灯

1）实际增加稳定感：可通过降低重心、增大接触面积、架空或支撑、由上至下逐渐增大等方式实现（见图 11-15）。

2）增加视觉的稳定感：采用对称或均衡的形式，材质上轻下重，色彩上轻下重、上冷下暖等方式实现（见图 11-16）。

图 11-15 烤肉炉

图 11-16 英国观光汽车

掌握了设计元素的相互作用，并不断地安排和重新组合它们，方可创造出更具特性的平衡状态。

11.3 比例与尺度

美的造型都具有良好的比例和合适的尺度，造型体的比例美可以认为是一种用几何语言和数学词汇去表现现代生活和现代科学技术美的抽象艺术形式。正确的比例尺度是完美造型的基础。

11.3.1 比例与尺度的关系

比例是造型对象各部分之间、各部分与整体之间的大小关系，以及各部分与细部之间的比较关系。

尺度则是造型对象的整体或局部与人的生理或人所习见的某种特定标准之间的大小关系。尺度感是人对某产品所产生的尺度感觉，尺度感的影响因素主要是造型结构方式和与人直接相关的各种构件的传统观念。这种传统观念，是在人们长期的知识水平和经验积累的基础上形成的。因此，造型设计中结构或形式的改进与变换，不能只追求多样变化，同时还要满足人对它的尺度感觉。否则，由于联想和比较，易造成感觉上的不适。

产品设计首先要解决的是尺度问题，然后才能进一步推敲其比例关系。在产品设计中，尺度以人的身高尺寸作为度量的标准，对产品进行相应的衡量，表示其整体与局部的大小关系，以及与自身用途相适应的程度和与周围环境相协调的程度。尺度也可认为是与人体或与人所熟悉的零部件或环境相互比较所获得的尺寸印象；正确的比例是完美构图的基础，是艺术设计中用于协调各组成部分尺寸的基本手段。正确合理地确定比例，可以使产品的功能、结构、形体、色彩等造型因素所表现的形体构成组合，并具有理想的艺术表现力和良好的相互联系。比例和尺度问题应该综合、统一地加以研究，二者的协调统一乃是创造完美产品形象的必要条件之一（见图11-17）。

图 11-17　符合人体尺度的日本电梯

良好比例和正确尺度，一定要以产品的功能为依据，不能孤立地推敲比例和尺度，而忽视它们与功能之间的密切关系。尤其应把比例、尺度以及和功能直接相关的有关人体工程学、可靠性技术等的问题全面综合地加以研究，才能使造型的比例及尺度完美。因此，一定要依据造型对象的功能、技术和艺术等自身特征中所蕴藏的数比因素，去创造独特的比例和确切的尺度。

11.3.2　比例设计的要素和前提

正确的比例是完美构图的基础，是艺术设计中用于协调各组成部分尺寸的基本手段。正确合理地确定比例，可以使产品的功能、结构、形体、色彩等造型因素所表现的形体构成组合，并具有理想的艺术表现力和良好的相互联系。

产品设计的比例关系不是固定不变的。随着构成要素的变化、功能的要求、生产工艺的革新、科学技术的发展和欣赏爱好的变化，机械产品艺术造型的比例关系也将产生一定的变化。确定机械产品合理的造型比例关系，一般说来，可从以下几方面去考虑。

A　功能要求形成的比例

从功能特点出发来确定所设计的产品的比例是产品比例构成的基本条件。因此，确定产品的尺寸和比例首先要考虑适应功能的要求，并在此前提下尽量使产品样式优美。两相兼顾，才能决定产品各部分的尺寸大小和比例关系。普通车床、外圆磨床等卧式加工机床，从加工细长件的功能要求出发，它们必然是低而长的。对于立式车床、镗铣床、立式钻床等立式加工机床，从加工零件的大小和加工范围等功能出发，它们的比例必然是高而窄的。

B　技术条件形成的比例

机械产品按不同科学原理所设计的结构方式是随技术条件和材料而改变的，产品的尺寸比例也势必随着技术和材料的改变而改变。例如，普通车床的传动系统，如果要求有相同的功能范围，采用的传动方式不同，其结构尺寸和比例就有较大的差异。皮带传动结构庞大，而采用齿轮传动的主轴箱和溜板箱结构则比较紧凑，如采用可控硅无级调速，其结构更为紧凑。新材料及高强度材料的应用在增加零部件强度和刚度的同时也可适当地减小零部件的尺寸，从而能缩小整个部件的比例尺寸。

C 审美要求形成的比例

产品设计中的比例关系除主要按功能要求和技术条件形成基本的比例关系外，对于一些结构布局允许灵活变动的产品，还可按人们的社会意识和时代的审美要求作为主要因素来考虑其比例关系，使其比例关系具有时代特征的形式美。例如，仪器仪表装置，在功能要求和结构元件相同的条件下，由于总布局的结构方式允许有一定的变动范围，因此在设计其比例尺寸时，常按照审美要求来选择比例。因为仪器仪表框既可以做得方一些，又可做得扁平些，也可能做得瘦高些。几种比例关系的选择，主要取决于设计者的审美观点以及该设备的使用条件。

对于同类型的结构，布局大体一致并且功能相同的产品，其尺寸比例不同，所得到的"美感"和艺术效果也不相同。例如，不同年代小汽车的尺寸比例变化。小汽车长高之比不等，矮而长的比例给人以稳定、大方、线型优美流畅及高速的感觉。汽车的这种比例变化，反映了时代变化以及科学技术、物质条件和审美观的变化。

可见，在工业产品设计过程中，认真研究比例关系，并采用适当的数比关系可以表现现代生活特征和现代科学技术的美。这种抽象的艺术形式是工业产品艺术设计中表现现代形式美感的主导因素之一。

11.3.3 常用的美学比例

A 黄金比例

"黄金分割"这个概念最早是由一位哲学家提出的，他就是黑格尔的学生，德国哲学家、美学家莱辛。善于奇思妙想的莱辛，在 1854 年写了一本《人类躯体平衡新论》的书。在书中，他对人体进行了大量测算，发现人的肚脐与人体垂直高度之比、大腿和小腿长度之比、前臂与小臂之比、都趋于定值 0.618。莱辛还研究了古代一些著名建筑、雕塑和绘画中的比例，比如胡夫大金字塔，认为它们也符合"黄金分割率"。这是个惊人的结论。实际上，这个神秘比率的出现还可以追溯到 2500 年前的古希腊。黄金分割最早记载在欧几里得的《几何原本》一书中。欧几里得在书中写道："以点 H 按中末比截线段 AB，使 $AB : AH = AH : HB$。"将这一公式计算一下，设 $AH = 1$，则可以算得 $AB = 1.618$。它就是黄金分割的"真身"。看来 2500 年前，最美丽的数字就诞生了！

边长比率为 $1 : 1.618$ 的长方形称为"黄金率长方形"（见图 11-18）。黄金分割比的长方形可以被分成一个正方形和另一个黄金率长方形，这个长方形又可以分为一个正方形和黄金率长方形，依此类推，黄金分割的这种连续性构成中有种规律和节奏的动态均衡。

雅典雕刻家菲狄亚斯建造的巴特农（Parthenon）神庙（见图 11-19），

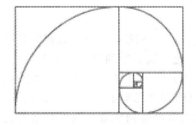

图 11-18 黄金矩形

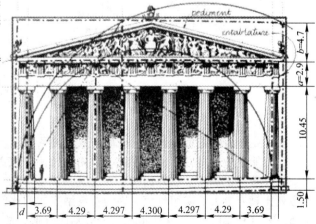

图 11-19 神庙的立面为黄金矩形

是严格符合"黄金分割率"的"活标本"。由于菲狄
亚斯是第一个将黄金比例在建筑设计中运用得炉火
纯青的艺术家，后人就以他名字的第一个希腊字母 Φ
代指黄金分割率。黄金分割不仅在古希腊建筑中得
到精确的运用，在西方著名古建筑的比例关系中，
也到处可见这一神秘的数字身影，例如公元前 3000
年建造的胡夫大金字塔、法国巴黎圣母院。连作为
中国古建筑最高成就的北京故宫，其太和门庭院的
深度为 130 米，宽度为 200 米，长宽比与黄金分割率
也十分接近。

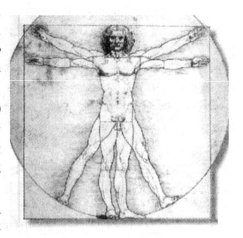

图 11-20　达·芬奇的《维特鲁威人》

　　名画《维特鲁威人》出自于达·芬奇之手（见
图 11-20），画名是根据古罗马杰出的建筑师维特鲁
威（Vitruvii）的名字取的，该建筑师在他的著作
《建筑十书》中曾盛赞人体比例和黄金分割。画中的
"维特鲁威人"也是达·芬奇以比例最精准的男性为蓝本画的，这种"完美比例"也即是数学
上所谓的"黄金分割"。达·芬奇自己阐述道，人体中自然的中心点是肚脐。因为如果人把手
脚张开，作仰卧姿势，然后以他的肚脐为中心用圆规画出一个圆，那么他的手指和脚趾就会与
圆周接触。事实上，不仅可以在人体中这样画出圆形，而且可以在人体中画出方形。即如果由
脚底量到头顶，并把这一量度移到张开的两手，那么就会发现高和宽相等，恰似平面上用直尺
确定方形一样。

　　黄金分割的作用不仅仅体现在诸如绘画、雕塑、音乐、建筑等艺术领域，而且在管理、工
程设计等方面也有着不可忽视的作用。如何合理巧妙地运用黄金分割，从而设计出像艺术品一
样令人赞赏的产品，是每一位优秀的设计师追求的目标（见图 11-21）。

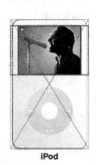

图 11-21　黄金分割在产品设计中的应用

　　B　比例的数学法则

　　在工业产品的造型设计中，比例的数值关系必须严谨、简单，相互间要成倍数或成分数
分割，才能创造出良好的比例形式。常用的比例有等差数列比、调和数列比、等比数列比、
弗波纳齐数列比和贝尔数列比等。而上述所有数列比中，对于产品造型设计来说，费波纳
齐数列比具有更大的实用价值，因为费波纳齐数列比的前两项数之和等于第 3 项，如 1，2，
3，5，8，13，21，…，其比值与黄金分割比近似，故与运用黄金分割比造型效果有近似之
处（见图 11-22）。

C　比例的模数

对角线平行或相互垂直分割，具有内在和谐的统一美（见图11-23）。对于若干个相邻或者是互相包含的几何形状，如果它们的对角线平行，其形状就具有相等的比例，从而给人以良好的和谐之感。如果相邻两个矩形的对角线垂直相交，那么这两个矩形也具有相同的形状比率，同样能产生和谐的美感。如果这些矩形的对角线不平行，又非垂直相交，这些矩形就因缺乏良好比例关系而显得杂乱无章，毫无和谐之美感。

图 11-22　费波纳齐数列比的应用

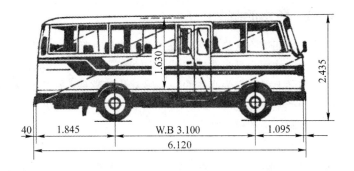

图 11-23　对角线分割车体的应用

习　题　11

11-1　运用美学法则评价国内高校大门的设计优劣。

11-2　运用美学法则对某个现有产品进行改进设计，

11-3　找出现实生活中，一些美观产品所使用的比例

第 12 章　色彩设计

12.1　色彩的概念

人们四周不管是自然的或人工的物体，都有各种色彩和色调。这些色彩看起来好像附着在物体上，然而一旦光线减弱或周围处于黑暗，所有物体都会失去各自的色彩。我们看到的色彩，实际上是以光为媒体的一种感觉。色彩是人在接受光的刺激后，视网膜的兴奋传送到大脑中枢而产生的感觉。

色彩相关的概念如下：

（1）光色：指日光或人工光源所呈现的色彩。光可以分为单色光和复合光，利用菱镜分散太阳光形成光谱后，即使再一次透过菱镜也不会再扩散的光，称为单色光，如赤橙黄绿青蓝紫；而复合光是单色光聚合而成的光。我们日常所见的光，大部分都是由单色光聚合而成的复合光。复合光中所包含的各种单色光的比例不同，就会产生不同的色彩感觉。

（2）物体色：指非发光物体所呈现出的色彩，由物体表面和投照光决定。

（3）固有色：通常是指物体在正常白色日光下所呈现的色彩特征，区别于环境色。

（4）原色：不能用其他色光或色料相混产生，却可以按照一定比例获得任意其他的色彩。

色光三原色是红（朱红）、绿（翠绿）、蓝（蓝紫）（见图 12-1）。三原色色光按一定比例混合称为色光混合（加法混合），混色越多，明度越高，直至白色。舞台灯光的设计为色光混合。

色料三原色是红、黄、蓝。三原色色料按一定比例混合称为色料混合（减法混合），混色越多，明度越低，直至黑色（见图 12-2）。平面设计和产品设计、建筑设计和服装设计应用的都是基于色料的混合方式。

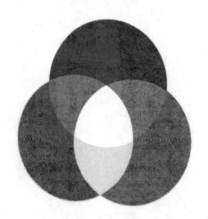

图 12-1　色光三原色

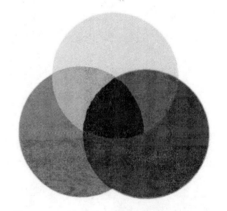

图 12-2　色料三原色

（5）间色（补色、第二次色）：是指三原色中任何两原色相加而成的色。如：红 + 黄 = 橙，黄 + 蓝 = 绿，蓝 + 红 = 紫。

（6）复色（再间色、第三次色）：是指由两个间色或一个原色加黑浊色而成的色。如：橙 + 绿 = 黄灰，橙 + 紫 = 红灰，绿 + 紫 = 蓝灰。

色彩分为无色彩与有色彩两大范畴。无色彩是指黑、白、灰；有色彩是指红、橙、黄、绿、蓝、紫等。

12.2　色彩三要素

色彩的三要素是指色相、明度和纯度。

（1）色相：是指色彩所呈现的相貌即色彩的名称。如红、黄、蓝。可分为无彩色（黑、白、灰）和彩色（红、橙、黄、绿、蓝、紫等）。色相很像色彩外表的华美肌肤。色相体现着色彩外向的性格，是色彩的灵魂。

（2）明度（灰度、光度）：是指色彩的明暗深浅程度或亮度。亮色明度高，暗色明度低。无彩色中，白色明度最高，黑色明度最低；有彩色中，黄色的明度最高，蓝紫色的明度最低。明度在三要素中具有较强的独立性，它可以不带任何色相的特征而通过黑、白、灰的关系单独呈现出来。色相与纯度则必须依赖一定的明暗才能显现，色彩一旦发生，明暗关系就会出现。我们可以把这种抽象出来的明度关系看作色彩的骨骼，它是色彩结构的关键。素描、早期的黑白电视、照片都是因为这个原因，依然能比较清晰地呈现事物的大致形体特征。

（3）纯度（彩度、饱和度）：是指含有单色的多少程度（鲜浊度）。混入白色，鲜艳度降低，明度提高；混入黑色，鲜艳度降低，明度变暗；混入明度相同的中性灰时，纯度降低，明度没有改变。纯度体现了色彩内向的品格。不同的色相不但明度不等，纯度也不相等。纯度最高为红色，黄色纯度也较高，绿色纯度为红色的一半左右。同一色相，即使纯度发生了细微的变化，也会立即带来色彩性格的变化。

12.3　色彩的心理特征与应用

色彩的心理特征具体描述如下：

（1）黑色：消极的色彩，象征黑暗、悲哀、死亡与恐怖，给人沉静、神秘、冷艳等感觉。在商业设计中，黑色具有高贵、稳重以及科技感，是许多科技产品的用色；生活用品和服饰设计中，黑色大多利用来塑造高贵的形象，是永远流行的主要颜色，适合和许多色彩搭配。

（2）白色：给人光明明亮、单薄轻盈、干净纯洁、凉爽寒冷、吉祥神圣的感觉。在商业设计中，白色具有高科技感，而且都会掺一些其他的色彩，如象牙白、米白、乳白、苹果白等，避免其朴素感；在生活用品、服饰用色上，白色是永远流行的主要色，可以和任何颜色作搭配，是医疗、餐饮领域偏爱的颜色。

（3）灰色：视觉中最安静的色彩（中性色），受有彩色影响极大，近冷则暖，近暖则冷，有很强的调和对比的作用。具有平稳、朴素乏味、寂寞无聊、高雅精致、柔和含蓄、与世无争等性格。用灰色作背景是最好的。在商业设计中，灰色是男女皆能接受的颜色，也是永远流行的主要颜色。许多高科技产品，尤其是和金属材料有关的产品，几乎都采用灰色来传达高级、科技的形象。使用灰色时，大多利用不同的层次变化组合或搭配其他色彩，才使灰色不会过于朴素沉闷、呆板僵硬。

（4）红色：纯度最高，最强有力的色彩，是喜庆、危险、热情、活力、积极、革命的象征，在各种媒体中被广泛利用。除了具有较佳的明视效果之外，更被用来传达有活力、前进等涵义的企业形象与精神。另外红色也常用来作为警告、危险、禁止、防火等标示用色。人们在一些场合或物品上，看到红色标示时，常不必仔细看内容，就能了解警告危险之意。在工业安全用色中，红色是警告、危险、禁止、防火的指定色。

（5）橙色：是最暖的颜色，是阳光、灯火、果实、食物、温暖、辉煌、食欲、警戒色等的特征，是世界上绝大多数民族喜欢的色彩，又被称为"国际色彩"。橙色明视度高，在工业安全用色中，橙色就是警戒色，如火车头、登山服装、背包、救生衣、环卫工作服等都用橙色。由于橙色非常明亮刺眼，有时会给人负面低俗的意象，这种状况尤其容易发生在服饰的运用上。所以运用橙色时，要注意选择搭配的色彩和表现方式，那样才能把橙色明亮活泼且具有口感的特性发挥出来。

（6）蓝色：天空和大海的颜色，也是最冷的颜色。是博大广阔、生命永恒、理智沉稳准确、悲伤、寒冷等的象征。在商业设计中，为强调科技、效率的商品或企业形象，大多选用蓝色当标准色。

（7）黄色：明度最高，是最灿烂的色彩，是高贵、权贵、皇室之色。最不能承受黑色或白色的侵蚀，稍微渗入，黄色即刻会失去光辉。这或许是我国古代帝王把黄色作为御用色的原因，它象征着皇帝万众瞩目和不容侵犯的绝对权威和荣耀。黄色也是警戒色，明视度高，在工业安全用色中，黄色即是警告危险色，常用来警告危险或提醒注意，如交通灯上的黄灯，工程用的大型机器，学生用雨衣、雨鞋等都使用黄色。

（8）绿色：大自然的颜色，中性色可以容纳各种颜色，象征着生命力、理想希望、自然清爽、大度与宽容、正常安全、环保等。在商业设计中，绿色所传达的清爽、理想、希望、生长的意象，符合了服务业、卫生保健业的诉求；在工厂中，为了避免操作时眼睛疲劳，许多工作的机械也采用绿色；一般的医疗机构场所，也常采用绿色来做空间色彩规划即标示医疗用品。

（9）紫色：最不稳定的色彩。是神秘的浪漫、高雅、恐怖、虔诚的象征，是女性色彩的代表。在商业设计用色中，除了和女性有关的商品或企业形象之外，其他类的设计不常采用紫色为主色。

（10）金银色：由于本身的特有光泽与价格，加之长期用于宫廷装饰、高档生活用品，形成了高贵、典雅、豪华的象征意义。金银色既有闪耀的亮度，又可起到调和各色的作用，是设计中常用的点缀色和装饰色。金银色可作为分割色，起调和作用，在手机领域近几年应用较多。

12.4　色彩对比

12.4.1　原色对比

红、黄、蓝三原色是色相环上最极端的色，它们不能由别的颜色混合而产生，却可以混合出色环上所有其他的色。红、黄、蓝表现了最强烈的色相气氛，它们之间的对比属最强的色相对比。如果一个色场是由两个原色或三个原色完全统治，就会令人感受到一种强烈的色彩冲突，这样的色彩对比很难在自然界的色调中出现，它们似乎更具精神的特征。世界上许多国家都选用原色作为国旗的色彩。其中哥伦比亚国旗是三原色对比（见图 12-3），自上而下由黄、蓝、红三个平行横长方形相连而成，黄色部分占旗面的一半，蓝色、红色各占旗面的 1/4。黄色象征金色的阳光、谷物和丰富的自然资源；蓝色代表蓝天、海洋和河流；红色则象征爱国者为争取国家独立和民族解放而洒下的鲜血。

红色与黄色并置，也会发生同时的作用。红色偏向玫瑰色味，

图 12-3　哥伦比亚国旗

黄色偏向柠檬色味。在两色相邻处，这种变化最突出，红与黄搭配，红色既不像与绿色配对时有视觉上的和谐感，也不像与橙色相邻时所具有的主动性，红色不能征服黄色，黄色亦不能征服红色。恐怕这就是来自原色的力量吧。这样的情况也会发生在黄与蓝、蓝与红的对比中。三原色在商业设计中应用的很少，主要原因是过于冲突，但在其中加入别的颜色，或对三原色的明度或纯度作适当的改变，也可以创造出优秀的设计。Windows 的标志就是一个很好的例子，视觉注目性高（见图 12-4）。

图 12-4　Windows 的标志

12.4.2　间色对比

橙色、绿色、紫色为原色相混所得的间色，色相对比略显柔和。自然界中植物的色彩呈间色为多，许多果实都为橙色或黄橙色，还经常可以见到各种紫色的花朵。绿与橙、绿与紫这样的对比都是活泼、鲜明又具天然美的配色（见图 12-5）。

12.4.3　邻近色对比

在色环上顺序相邻的基础色相，如红与橙、黄与绿、橙与黄这样的颜色并置关系，称为邻近色相对比，属色相弱对比范畴（见图 12-6）。这是因为在红橙色对比中，橙色已带红味，在黄绿对比中，绿色已带黄味，它们在色相因素上自然有相互渗透之处。但像红、橙这样的色在可见光谱中具有明显的相貌特征，且都为单色光，因此仍具有清晰的对比关系。邻近色对比最大的特征是它们具明显的色调统一性，或为暖色调，或为冷暖中调，或为冷色调，同时在统一中仍不失对比的变化。

图 12-5　Richard Nicoll 2009 春夏系列

图 12-6　世界小姐中的中国佳丽

12.4.4　类似色相对比

在色环上非常邻近的色，如蓝与绿味蓝、蓝与紫味蓝这样的色相对比称为类似色相对比，这是最弱的色相对比效果。类似色相对比在视觉中能感受的色相差很小，调式统一，常用于突出某一色相的色调，注重色相的微妙变化（见图 12-7）。

12.4.5　补色对比

在色环直径两端的色为互补色。确定两种颜色是否为互补关系，最好的办法是将他们相混，看看能否产生中性灰色。如果达不到中性灰色，就需要对色相成分进行调整，才能寻找到准确的补色。补色的概念出自视觉生理所需要的色彩补偿现象，与其看作对立的色，不如看作姻缘之色，因为补色的出现总是符合眼睛的需要。一对补色并置在一起，可以使对方的色彩更加鲜明，如红与绿搭配，红变得更红，绿变得更绿。

图 12-7　类似色搭配的居室

通常，在人们的概念中，最典型的补色是红与绿、蓝与橙、黄与紫。红绿色对比与明暗对比近似，冷暖对比居中，在三对补色中显得十分优美，由于明度接近，两色之间互相强调的作用非常明显，有炫目的效果（见图 12-8）；蓝橙色的明暗对比居中，冷暖对比最强，是最活跃生动的色彩对比（见图 12-9）；黄与紫由于明暗对比强烈，色相个性悬殊，成为三对补色中最突出的一对（见图 12-10）。

图 12-8　红与绿完美搭配的军装

图 12-9　太阳能登山背包

图 12-10　法国普罗旺斯的熏衣草农田

12.4.6 冷暖色对比

在色相环上把红、橙、黄称为暖色，把橙色称为暖极；把绿、青、蓝划为冷色，把天蓝色称为冷极。在无彩色系中，把白色称为冷极，把黑色称为暖极。冷暖本来是人们的皮肤对外界温度高低的感觉。太阳、炉火、火炬、烧红的铁块等本身温度很高，它们反射出的红橙色光有导热的功能。大海、蓝天、远山、雪地等环境，是反射蓝色光最多的地方，所以这些地方总是冷的。因此在条件反射作用下，人一看见红橙色光就会感到是热的，一看到蓝色，心里就会产生冷的感觉。

在空间上，暖色有前进和扩张感，冷色有后退和收缩感。一般说来，在狭窄的空间里，若想使空间变得宽敞，应该使用暖色。在重量感、湿度感上，暖色偏重，冷色偏轻，暖色干燥，冷色湿润。冷色系搭配、暖色系搭配和冷暖色对比搭配都可以创造出较好的视觉效果。

12.4.7 无彩色对比

无彩色是指黑、白、灰。灰相对于有彩色而言，没有明显的色相偏向，所以也称为无彩色。黑和白是对色彩的最后抽象，代表色彩的阴极和阳极。黑白所具有的抽象表现力以及神秘感，似乎能超越任何色彩的深度。康丁斯基认为，黑色意味空无，像太阳的毁灭，像永恒的沉默，没有未来，失去希望。而白色的沉默不是死亡，而是有无尽的可能性。黑白两色是极端对立的色，然而有时又令人感到它们之间有难以言状的共性。白色和黑色都可以表达对死亡的恐惧和悲哀，都具有不可超越的虚幻和无限的精神。黑白灰的搭配近年来在手机、电脑、笔记本等电子产品的色彩设计上应用很多，成为一种流行的时尚（见图12-11、图12-12）。

图 12-11　诺基亚 N72

图 12-12　联想电脑组合

12.4.8 无彩色与彩色对比

黑白灰无彩色可以和任意彩色搭配，效果都很美观（见图12-13）。其中，黄与黑明暗对比最强，视觉效果突出（见图12-14）。

总之，在运用以上的对比方法时，一定要把握好主从与重点原则，即有一种主色或色彩倾向，选用的次要色不要过多，否则会产生色彩凌乱、花里胡哨以及不好的视觉感受并引起厌恶的情绪。

图 12-13   粉色与白色搭配的居室

图 12-14   黄色与黑色搭配的服装

12.5   色彩的调和

色彩的调和是指对过于强烈的、带刺激的对比色彩，进行合理的调整，成为和谐的、带有美感的、适应视觉器官的色彩关系。色彩调和的方法有以下几种：

（1）加入同一色。在并置的两色或三色中加入同一色，可以改变它们之间的色相对比度、明度对比度、纯度对比度而达到和谐。

（2）拉近明度。使并置的两色或三色明度拉近，也可以达到和谐的目的。

（3）色调调和。色调指作品色彩总的倾向、基调，如冷调、暖调、明调、暗调、灰调等。使并置的色彩带有同一的色彩倾向，色彩就可以达到和谐。

（4）中性色间隔。色彩中黑、白、灰称为中性色，它们可以和任何色彩调和。在并置的几色中，用中性色隔离，可以达到和谐。

（5）运用明度、纯度、色相的渐变。渐变可以减弱对比色相的刺激程度，使之温和协调。

（6）改变并置色块的面积。使面积对比悬殊，也可以达到和谐的目的。

12.6   色彩设计营销

色彩营销（Color Marketing）是 20 世纪 80 年代出现的概念，即在了解和分析消费者心理的基础上，做消费者所想，给商品恰当的定位，然后给产品本身、产品包装、人员服饰、环境设置、店面装饰一直到购物袋等配以恰当的色彩，使商品高情感化，成为与消费者沟通的桥梁，实现"人心—色彩—商品"的统一，并将商品的思想传达给消费者，提高营销的效率，减小营销成本。

"色彩设计营销"的武器是色彩。色彩的重要性有著名的"7 秒定律"为证。"7 秒定律"说的是消费者会在 7 秒内决定是否购买某产品。美国流行色彩研究中心的一项调查表明，在这短暂而关键的 7 秒钟内，色彩的作用占到 67%，成为决定人们对产品好恶的重要因素。德国的心理学研究也显示，消费者的色彩感觉能鲜明地表现出其主观情绪，色彩甚至会对人的心血管、内分泌机能以及中枢神经系统的活动产生影响。心理学研究还表明，人的视觉器官在观察物体时，最初的几秒内色彩感觉占 80%，而形体感觉只占 20%；两分钟后色彩占 60%，形体占 40%；5 分钟后各占一半，并持续这种状态。可见产品的色彩给人的印象鲜明、快速、客观、明了、深刻。因此，对于冲动型、激情型的顾客群体，鲜艳明了的产品会一下子满足他们的购买欲望，瞬间效应特别明显。在色彩设计营销方面最为出色的案例是宝洁公司洗发水品牌的色彩营销。

宝洁公司始创于 1837 年，是世界最大的日用消费品生产公司之一，在全球 70 多个国家设有工厂及分公司，所经营的 300 多个品牌的产品畅销 140 多个国家和地区，其中包括洗发、护发、护肤用品，化妆品，婴儿护理产品，妇女卫生用品，医药、食品、饮料、织物、家居护理及个人清洁用品。宝洁公司 1989 年进入中国市场，目前，它的洗发水已占据中国 70% 的市场份额。其旗下有四大品牌，即海飞丝、飘柔、潘婷和沙宣，构成了一个完整的品牌组合。这四款品牌在市场定位、产品卖点、包装设计和广告策略方面都各具特色，并获得了极大的成功。

（1）海飞丝：定位为头屑多的人群，产品卖点是"去头屑"，相应包装设计和广告策略方面都凸显这一核心价值。在产品的包装设计上，选用白色和蓝色搭配，给人干净清爽的感觉。在广告宣传方面，广告语是"头屑去无踪，秀发更出众"，代言人多选男士，经典动作是拨弄短发，露出干净的头皮。

2007 年 8 月份全新推出的海飞丝，更是大胆挑战包装设计的常规。崭新包装一经亮相，便赢得了国际工业设计界的一片喝彩（见图 12-15）。流畅的曲线与直线自如交融，组成浑然天成的半月形轮廓，不对称的柔美中挟带着优雅明晰的力度。而最出彩的地方，是将洗、护发产品成对摆放时，两条弧线组成太极图谱般的完美拼接，西方与东方的蕴意在此时巧妙融合，在一派简约之风中，引发无尽玄想。标志性的蓝色瓶盖，升级为剔透的宝石形状，让光线自由折射，形成光与影精巧幽蓝的交叠，为设计注入了晶莹凛冽的触感。全系列产品哑光瓶身，焕发着迷人的润泽感，而银白炫目的色彩充满未来气息。瓶身通体采用回归自然的高纯度白色，低调而纯粹，仅以一笔飞溅的激情色彩区分 12 种丰富产品，简单中迸发出变幻莫测的缤纷感受，令消费者一见钟情，给竞争对手联合利华推出的清扬系列有力的一击，并继续稳固海飞丝品牌在中国洗发水市场的王者地位。

（2）潘婷：以女性为主，针对干枯发质，产品卖点是"营养、修复"，产品包装设计以奶白色和黄色为主，给人营养的感觉（见图 12-16）；在广告策略方面，代言人是长头发的女性，广告语是"拥有健康，当然亮泽"，经典动作是用力拉扯头发，体现头发的韧性。

图 12-15　2007 年海飞丝全新包装

图 12-16　潘婷新包装

（3）飘柔：市场定位为年轻人，产品卖点是"柔顺"、"胶原蛋白"抗衰老、保持头发弹性及滋润，令头发恢复强度与韧性。新包装更加纤细流畅，色彩为草绿色等多种艳丽色彩，体现年轻人的活力（见图 12-17）。广告经典动作是少女甩动如丝般长发。入市中国 17 年曾经熟

图 12-17　飘柔新包装

悉的甚至趋于平凡的飘柔，在 2006 年完成了一次华美的变身，在推出新款包装的同时，分阶段适时推出了新广告，延续着一个"爱的故事"，一对年轻男女在公交车上初次邂逅，源于女子从指缝划过的飘柔长发；再次相遇，在茫茫人海仅靠背影就能找到她，还是源于女子的飘柔长发，并配有广告主打歌，"发动心动，每一面都很美"。飘柔通过这一系列的手段，不断强化品牌的核心价值，并激起市场的热情与期待，同时也为我国的广告策划开启了全新的理念和模式。

（4）沙宣：市场定位为专业发廊和造型人士使用，产品卖点是"专业洗发、护发"，产品包装色彩为夺目的红色，塑造该品牌前卫时尚的独特形象。2009 年 2 月，市场上深红色、圆柱形包装的沙宣洗发水正式被有棱角的"升级版"新包装替代（见图 12-18）。沙宣通过加入新的成分，并实行逆市提价策略，更加张扬个性，夺人眼球。广告策略是，请来国际著名美发专家维达·沙宣作为品牌代言人。模特的前卫色彩、艳丽的发型，以及"我的光彩来自你的风采"的广告语，诠释了沙宣的专业形象，经典动作是剪头发。

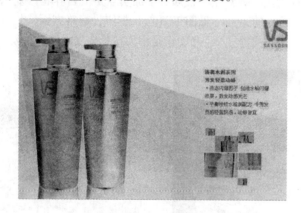

图 12-18　沙宣新包装

习　题　12

12-1　在生活中寻找色彩设计的经典案例，并思考色彩设计在品牌战略中的作用。

12-2　用所学经典色彩搭配，搭出多种亮眼的穿衣色彩搭配。

参 考 文 献

[1] 何人可. 工业设计史[M]. 北京：高等教育出版社，2004.

[2] 陈震邦. 工业产品造型设计[M]. 北京：清华大学出版社，2004.

[3] 刘涛. 工业设计概论[M]. 北京：冶金工业出版社，2006.

[4] 胡琳. 工业产品设计概论[M]. 北京：高等教育出版社，2006.

[5] 李妍姝. 产品创新[M]. 北京：中国纺织出版社，2004.

[6] 保罗·芝兰斯基玛丽，帕特·费希尔. 色彩概论[M]. 上海：上海人民美术出版社，2004.

[7] 王守平. 现代绿色设计[M]. 沈阳：辽宁美术出版社，2007.

[8] 王受之. 世界现代设计史[M]. 北京：中国青年出版社，2002.

[9] 李砚祖. 产品设计艺术[M]. 北京：中国人民大学出版社，2000.

[10] 吴永建，王秉鉴. 工业产品形态设计[M]. 北京：北京理工大学出版社，2003.

[11] 方光罗. 市场营销学[M]. 大连：东北财经大学出版社，2000.

[12] 许平，潘琳. 绿色设计[M]. 南京：江苏美术出版社，2001.

[13] 何晓佑，谢云峰. 人性化设计[M]. 南京：江苏美术出版社，2001.

[14] 张福昌. 造型基础[M]. 北京：北京理工大学出版社，2002.

[15] 马兰，李丹. 平面构成基础[M]. 沈阳：辽宁美术出版社，2008.

[16] 闫卫. 工业产品造型设计程序与实例[M]. 北京：机械工业出版社，2003.

[17] 杨正. 工业产品造型设计[M]. 武汉：武汉大学出版社，2003.

[18] 刘美华. 产品设计原理[M]. 北京：北京大学出版社，2003.

[19] 张琲. 产品创新设计与思维[M]. 北京：中国建筑工业出版社，2005.

冶金工业出版社部分图书推荐

书　名	作　者	定价(元)
工业设计概论(本科教材)	刘　涛　主编	26.00
计算机辅助建筑设计——建筑效果图设计	刘声远　等编	25.00
艺术形态构成设计	赵　芳　编著	38.00
机械振动学(本科教材)	闻邦椿　等编	25.00
机电一体化技术基础与产品设计(本科教材)	刘　杰　等编	38.00
机械电子工程实验教程(本科教材)	宋伟刚　等编	29.00
机器人技术基础(本科教材)	柳洪义　等编	23.00
机械优化设计方法(第3版)(本科教材)	陈立周　主编	29.00
机械制造装备设计(本科教材)	王启义　主编	35.00
机械可靠性设计(本科教材)	孟宪铎　主编	25.00
机械故障诊断基础(本科教材)	廖伯瑜　主编	25.80
现代机械设计方法(本科教材)	臧　勇　主编	22.00
液压传动(本科教材)	刘春荣　等编	20.00
液压与气压传动实验教程(本科教材)	韩学军　等编	25.00
现代建筑设备工程(本科教材)	郑庆红　等编	45.00
机械制造工艺及专用夹具设计指导(第2版)(本科教材)	孙丽媛　主编	14.00
环保机械设备设计(本科教材)	江　晶　编著	45.00
C++程序设计(本科教材)	高　潮　主编	40.00
真空获得设备(第2版)(本科教材)	杨乃恒　主编	29.80
真空技术(本科教材)	王晓冬　等编	50.00
真空镀膜技术	张以忱　等编	45.00
真空镀膜设备	张以忱　等编	45.00
真空工艺与实验技术	张以忱　等编	45.00
真空低温技术与设备	徐成海　等编	45.00
CATIA V5R17高级设计实例教程	王　霄　等编	35.00
CATIA V5R17工业设计高级实例教程	王　霄　等编	39.00
CATIA V5R17典型机械零件设计手册	王　霄　等编	39.00
网页设计项目式实训教程(综合实例篇)(高职高专)	尹　霞　主编	24.00